Read **Today**
Lead **Tomorrow**

수학을 배웁니다.
내일의 **문제해결력**을 배웁니다.

수학이 자신있어 집니다

에이급 수학 초등 1-1

발행일	2023년 12월 1일
펴낸이	김은희
펴낸곳	에이급출판사
등록번호	제20-449호

책임편집	김선희, 손지영, 이윤지, 김은경, 장정숙
마케팅총괄	이재호
표지디자인	공정준
내지디자인	공정준
조판	보문미디어

주소	서울시 강남구 봉은사로 37길 13, 동우빌딩 5층
전화	02) 514-2422~3, 02) 517-5277~8
팩스	02) 516-6285
홈페이지	www.aclassmath.com

에이급수학

초등 1-1

까짓것 한번 해보자.
이 마음만 먹으세요.
그다음은 에이급수학이 도울 수 있어요.

실력을 엘리베이터에 태우는 일,
실력에 날개를 달아주는 일,
에이급수학이 가장 잘하는 일입니다.

시작이 **에이급**이면 결과도 **A급**입니다.

구성과 특징
S/t/r/u/c/t/u/r/e

개념학습

· 개념 + 더블체크

단원에서 배우는 중요개념을
핵심만을 콕콕 짚어서 정리하였습니다.
개념을 제대로 이해했는지 더블체크로
다시 한번 빠르게 확인합니다.

1단계

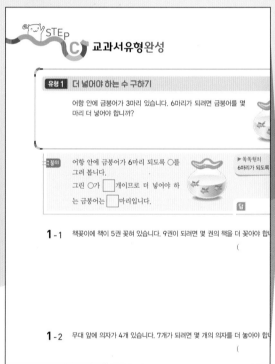

STEP C 교과서유형완성

각 단원에 꼭 맞는 유형 집중 훈련으로
문제 해결의 힘을 기릅니다.
교과서에서 배우는 모든 내용을
완전히 이해하도록 하였습니다.

상위권 돌파의 책은 따로 있습니다!!
수학이 특기! 에이급 수학!

3 단계

2 단계

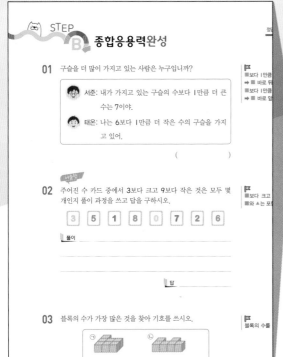

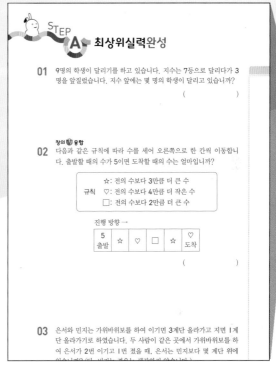

STEP B 종합응용력완성

난도 높은 문제와 서술형 문제를 통해
실전 감각을 익히도록 하였습니다.
한 단계 더 나아간 심화·응용 문제로
종합적인 사고력을 기를 수 있습니다.

STEP A 최상위실력완성

언제든지 응용과 확장이 가능한
최고 수준의 문제로 탄탄한 상위 1%의
실력을 완성합니다.
교내외 경시나 영재교육원도
자신 있게 대비하세요.

차례
C/o/n/t/e/n/t/s

에이급수학
초등 **1**-1

9까지의 수

1

이 단원에서 완성할 내용

1. 9까지의 수

1 9까지의 수

🐘	●	I	하나, 일
🦁🦁	●●	2	둘, 이
🐢🐢🐢	●●●	3	셋, 삼
🐰🐰🐰🐰	●●●●	4	넷, 사
🐱🐱🐱🐱🐱	●●●●●	5	다섯, 오
🐶🐶🐶🐶🐶🐶	●●●●●●	6	여섯, 육
🐦🐦🐦🐦🐦🐦🐦	●●●●●●●	7	일곱, 칠
🦋🦋🦋🦋🦋🦋🦋🦋	●●●●●●●●	8	여덟, 팔
🐿🐿🐿🐿🐿🐿🐿🐿🐿	●●●●●●●●●	9	아홉, 구

미리보기 초1

9보다 I만큼 더 큰 수는 I0 입니다.

2 상황에 따라 다르게 읽기

(1) 하나, 둘, 셋……이라고 읽는 경우
　　① 사탕이 7개 있습니다. ➡ 일곱 개
　　② 지수는 8살입니다. ➡ 여덟 살

(2) 일, 이, 삼……이라고 읽는 경우
　　① 유리의 번호는 7번입니다. ➡ 칠 번
　　② 선아는 I학년입니다. ➡ 일 학년

➕ 같은 수라도 상황에 따라 그때그때 다르게 읽습니다.
예 우리 가족은 5명(다섯 명)이고 형은 5학년(오 학년) 입니다.

개념 1 9까지의 수

01 주어진 수만큼 ♡를 그리시오.

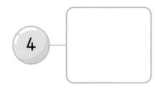

개념 1 9까지의 수

02 그림을 보고 은행잎을 ☐ 안의 수만큼 묶고, 묶지 <u>않은</u> 것의 수를 세어 ☐ 안에 써넣으시오.

개념 1 9까지의 수

03 사과의 수가 8인 것에 ◯표 하시오.

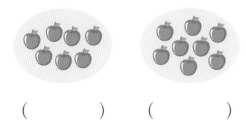

(   )   (   )

개념 2 상황에 따라 다르게 읽기

04 수를 바르게 읽은 사람은 누구입니까?

> 민호: 강아지가 다섯 마리 있습니다.
> 승아: 지금은 오후 오 시입니다.

(   )

개념 2 상황에 따라 다르게 읽기

05 나타내는 수가 나머지와 <u>다른</u> 것을 찾아 기호를 쓰시오.

(   )

개념 2 상황에 따라 다르게 읽기

06 ☐ 안에 알맞은 수를 쓰고, 이어 보시오.

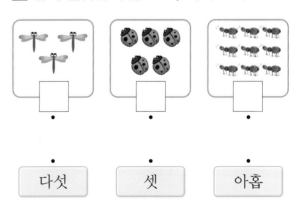

다섯   셋   아홉

3 ᄆ몇째 알아보기

+ 개념

몇과 몇째 비교하기
- 넷: 개수나 양을 나타내는 수
- 넷째: 순서를 나타내는 수

넷(사)	●●●●○
넷째	○○○●○

(1) 순서 알아보기
   ① 첫째는 우영이입니다.
   ② 수현이는 여섯째입니다.

(2) 기준을 넣어 순서 말하기
   앞과 뒤, 위와 아래, 왼쪽과 오른쪽 등의 기준을 넣어 순서를 말할
   수 있습니다.

4 수의 순서

(1) 순서대로 수를 쓰기

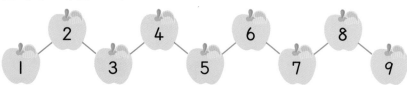

(2) 순서를 거꾸로 하여 수를 쓰기

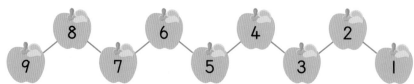

1

9까지의 수

개념 3 몇째 알아보기

07 왼쪽에서부터 알맞게 색칠하시오.

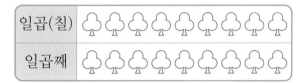

개념 3 몇째 알아보기

08 순서에 알맞게 이어 보시오.

개념 3 몇째 알아보기

09 오른쪽에서부터 다섯째 오징어에 ○표 하시오.

개념 4 수의 순서

10 순서를 거꾸로 하여 빈칸에 수를 써넣으시오.

개념 4 수의 순서

11 수를 순서대로 이어 보시오.

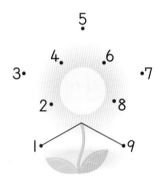

개념 4 수의 순서

12 순서에 맞게 수를 나열한 사람은 누구입니까?

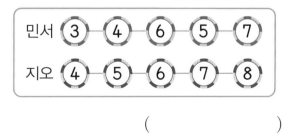

(   )

5 1만큼 더 큰 수, 1만큼 더 작은 수

+ 개념

(1) 1만큼 더 큰 수, 1만큼 더 작은 수

| 1만큼 더 작은 수 | | 1만큼 더 큰 수 |

④ — 5 — ⑥

5 바로 앞의 수   5 바로 뒤의 수

1씩 커집니다.

| 1 | 2 | 3 | 4 | 5 | 6 | 7 | 8 | 9 |

1씩 작아집니다.

○ ◆보다 1만큼 더 작은 수
＝◆ 바로 앞의 수

○ ◆보다 1만큼 더 큰 수
＝◆ 바로 뒤의 수

(2) 0 알아보기

아무것도 없는 것을 0이라 쓰고, 영이라고 읽습니다.

6 두 수의 크기 비교

(1) 두 수의 크기 비교

하나씩 짝지었을 때, 남는 쪽이 더 큰 수이고, 모자라는 쪽이 더 작은 수입니다.

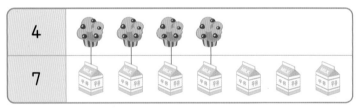

① 빵은 우유보다 적습니다. ➡ 4는 7보다 작습니다.
② 우유는 빵보다 많습니다. ➡ 7은 4보다 큽니다.

(2) 수의 순서로 크기 비교하기

수를 순서대로 썼을 때 앞에 있을수록 작은 수이고, 뒤에 있을수록 큰 수입니다.

① 6은 4보다 뒤에 있습니다. ➡ 6은 4보다 큽니다.
② 4는 6보다 앞에 있습니다. ➡ 4는 6보다 작습니다.

○ 수를 작은 수부터 순서대로 쓸 때
맨 왼쪽에 있는 수가 가장 작은 수이고, 맨 오른쪽에 있는 수가 가장 큰 수입니다.

개념 5 Ⅰ만큼 더 큰 수, Ⅰ만큼 더 작은 수

13 관계있는 것끼리 선으로 이어 보시오.

 · · 3 · · 영

 · · 0 · · 셋

개념 5 Ⅰ만큼 더 큰 수, Ⅰ만큼 더 작은 수

14 버스에 승객이 7명 타고 있습니다. 다음 정류장에서 새로 타는 승객은 없고, Ⅰ명이 내린다면 승객은 모두 몇 명이 됩니까?

( )

개념 5 Ⅰ만큼 더 큰 수, Ⅰ만큼 더 작은 수

15 공룡의 수보다 Ⅰ만큼 더 작은 수와 Ⅰ만큼 더 큰 수를 각각 구하시오.

Ⅰ만큼 더 작은 수 ( )
Ⅰ만큼 더 큰 수 ( )

개념 6 두 수의 크기 비교

16 알맞은 말에 ○표 하시오.

올챙이는 개구리보다 (적습니다 , 많습니다).
8은 5보다 (작습니다 , 큽니다).

개념 6 두 수의 크기 비교

17 사탕을 찬우는 5개, 현수는 9개 가지고 있습니다. 누가 사탕을 더 많이 가지고 있습니까?

( )

개념 6 두 수의 크기 비교

18 가장 큰 수에 ○표, 가장 작은 수에 △표 하시오.

| 3 | 7 | 5 | 6 |

유형 1 더 넣어야 하는 수 구하기

어항 안에 금붕어가 3마리 있습니다. 6마리가 되려면 금붕어를 몇 마리 더 넣어야 합니까?

풀이 어항 안에 금붕어가 6마리 되도록 ○를 그려 봅니다.

▶쏙쏙원리
6마리가 되도록 그립니다.

그린 ○가 ☐개이므로 더 넣어야 하는 금붕어는 ☐마리입니다.

답

1-1 책꽂이에 책이 5권 꽂혀 있습니다. 9권이 되려면 몇 권의 책을 더 꽂아야 합니까?

(   )

1-2 무대 앞에 의자가 4개 있습니다. 7개가 되려면 몇 개의 의자를 더 놓아야 합니까?

(   )

유형2 **몇째인지 구하기**

계산대에 8명이 한 줄로 서 있습니다. 하율이가 앞에서부터 둘째에 서 있다면 뒤에서부터 몇째에 서 있습니까?

풀이 학생 8명을 ◯로 그리고 하율이가 서 있는 위치를 찾아 색칠합니다.

▶**쏙쏙원리**
그림을 그려 순서를 알아봅니다.

(앞) ◯ ◯ ◯ ◯ ◯ ◯ ◯ ◯ (뒤)

따라서 하율이는 뒤에서부터 [ ]에 서 있습니다.

답

2-1 초콜릿 7개가 한 줄로 놓여 있습니다. 오른쪽에서 셋째에 있는 초콜릿은 왼쪽에서 몇째입니까?

(   )

2-2 버스정류장에 9명이 한 줄로 서 있습니다. 나연이는 앞에서부터 넷째이고, 희수는 나연이 바로 뒤에 서 있습니다. 희수는 뒤에서부터 몇째에 서 있습니까?

(   )

유형 3 조건을 만족하는 수 구하기

다음 조건을 만족하는 수를 구하시오.

> • 3과 8 사이에 있는 수입니다.
> • 6보다 큰 수입니다.

풀이 3과 8 사이에 있는 수는 4, ☐, ☐, ☐ 입니다.

이 중에서 6보다 큰 수는 ☐ 입니다.

▶ 쏙쏙원리
3과 8 사이에 있는 수에
3과 8은 들어가지 않습니다.

답

3-1 다음을 만족하는 수는 모두 몇 개입니까?

> • 1과 6 사이에 있는 수입니다.
> • 4보다 작은 수입니다.

( )

3-2 다음 조건을 만족하는 수는 모두 몇 개입니까?

> • 2보다 크고 9보다 작은 수입니다.
> • 5보다 큰 수입니다.

( )

유형 4 **수의 순서와 크기 구하기**

다음 수 카드를 작은 수부터 늘어놓을 때, 오른쪽에서 넷째에 놓이는 수는 얼마입니까?

| 5 | 4 | 0 | 2 | 7 |

풀이 수 카드의 수를 작은 수부터 늘어놓으면

☐, ☐, ☐, ☐, ☐입니다.

따라서 오른쪽에서 넷째에 놓이는 수는 ☐입니다.

▶**쏙쏙원리**
기준이 되는 곳부터 차례로 첫째, 둘째, 셋째……로 순서를 따집니다.

답

4-1 다음 수 카드를 큰 수부터 늘어놓을 때, 왼쪽에서 다섯째에 놓이는 수는 얼마입니까?

| 1 | 6 | 4 | 3 | 5 | 9 |

( )

4-2 다음 수 카드를 작은 수부터 늘어놓을 때, 왼쪽에서 셋째에 놓이는 수와 오른쪽에서 둘째에 놓이는 수는 얼마인지 차례로 구하시오.

| 2 | 5 | 4 | 1 | 6 | 0 | 8 |

( )

유형 5 □ 안에 공통으로 들어갈 수 있는 수 구하기

1부터 9까지의 수 중에서 ㉠과 ㉡에 공통으로 들어갈 수 있는 수를 구하시오.

- 3은 ㉠ 보다 작습니다.
- ㉡ 는 5보다 작습니다.

풀이 3은 ㉠보다 작습니다.

➡ ㉠은 ☐보다 크므로 ㉠에 들어갈 수 있는 수는

☐, ☐, ☐, 7, 8, 9입니다.

㉡은 5보다 작습니다.

➡ ㉡은 ☐보다 작으므로 ㉡에 들어갈 수 있는 수는

1, 2, ☐, ☐입니다.

따라서 ㉠과 ㉡에 공통으로 들어갈 수 있는 수는 ☐

입니다.

▶ 쏙쏙원리
■ 는 ▲ 보다 작습니다.
➡ ▲는 ■보다 큽니다.

답

5-1 0부터 9까지의 수 중에서 □ 안에 공통으로 들어갈 수 있는 수를 모두 구하시오.

- ☐ 는 2보다 큽니다.
- 6은 ☐ 보다 큽니다.

(   )

5-2 0부터 9까지의 수 중에서 □ 안에 공통으로 들어갈 수 있는 수를 모두 구하시오.

- 7은 ☐ 보다 큽니다.
- ☐ 는 4보다 작습니다.

(   )

유형6 **전체 수 구하기**

민규와 친구들은 미술관에 들어가기 위해 한 줄로 서 있습니다. 민규는 앞에서 다섯째, 뒤에서 셋째에 서 있습니다. 줄을 서 있는 사람은 모두 몇 명입니까?

풀이 민규의 앞과 뒤에 서 있는 사람을 ○로 나타냅니다.

(앞)　　　　　　　　　○　　　　　(뒤)
민규

줄을 서 있는 사람은 모두 [　] 명입니다.

▶ 쏙쏙원리
그림을 그려 민규가 서 있는 위치를 알아봅니다.

답

6-1 영호는 달리기를 하고 있습니다. 영호의 앞에는 3명, 뒤에는 4명이 달리고 있을 때, 달리기를 하고 있는 사람은 모두 몇 명입니까?

(　　　　　　　)

6-2 승아는 아래에서부터 둘째 층, 위에서부터 다섯째 층에 살고 있습니다. 승아가 살고 있는 아파트는 몇 층까지 있습니까?

(　　　　　　　)

6-3 해수는 마술 공연을 보기 위해 계단에 앉아 있습니다. 해수는 아래에서부터 셋째, 위에서부터 여섯째에 앉아 있습니다. 계단은 모두 몇 칸입니까?

(　　　　　　　)

유형 7 I만큼 더 큰 수와 I만큼 더 작은 수

체육관에 농구공과 배구공이 있습니다. 농구공은 4개보다 I개 더 많고, 배구공은 농구공보다 I개 더 많습니다. 배구공은 몇 개입니까?

풀이 4보다 I만큼 더 큰 수는 4 바로 뒤의 수인 ☐ 이므로

농구공은 ☐ 개입니다.

5보다 I만큼 더 큰 수는 5 바로 뒤의 수인 ☐ 이므로

배구공은 ☐ 개입니다.

▶쏙쏙원리
4보다 I만큼 더 큰 수는 4 바로 뒤의 수입니다.

답

7-1 놀이터에 어린이는 8명보다 I명 더 많고 어른은 5명보다 I명 더 적습니다. 놀이터에 있는 어린이와 어른은 각각 몇 명입니까?

어린이 (   ), 어른 (   )

7-2 희주는 색연필을 태하보다 I자루 더 적게 가지고 있고, 재우는 태하보다 I자루 더 많이 가지고 있습니다. 재우가 가지고 있는 색연필이 5자루일 때, 희주와 태하가 가지고 있는 색연필은 각각 몇 자루입니까?

희주 (   ), 태하 (   )

01 구슬을 더 많이 가지고 있는 사람은 누구입니까?

> 서준: 내가 가지고 있는 구슬의 수보다 1만큼 더 큰 수는 7이야.
>
> 태온: 나는 6보다 1만큼 더 작은 수의 구슬을 가지고 있어.

(   )

▨보다 1만큼 더 큰 수
➡ ▨ 바로 뒤의 수
▨보다 1만큼 더 작은 수
➡ ▨ 바로 앞의 수

1
9까지의 수

서술형

02 주어진 수 카드 중에서 3보다 크고 9보다 작은 것은 모두 몇 개인지 풀이 과정을 쓰고 답을 구하시오.

3   5   1   8   0   7   2   6

▨보다 크고 ▲보다 작은 수에 ▨와 ▲는 포함되지 않습니다.

풀이

답 _____

03 블록의 수가 가장 많은 것을 찾아 기호를 쓰시오.

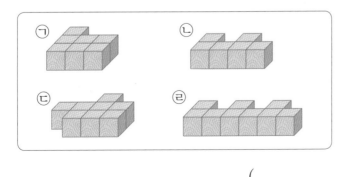

(   )

블록의 수를 각각 세어 봅니다.

04 왼쪽에서부터 셋째에 있는 과일은 오른쪽에서부터 몇째입니까?

사과　　수박　　포도　　배　　감　딸기

（　　　　　　　）

왼쪽에서부터 셋째에 있는 과일을 먼저 찾아봅니다.

05 호두과자를 경아는 5개, 민성이는 7개 먹었습니다. 동현이는 경아보다 많이 먹었지만 민성이보다는 적게 먹었습니다. 동현이는 몇 개를 먹었습니까?

（　　　　　　　）

06 은서는 같은 아파트 8층에 사는 친구네 집에 갔다가 3층을 더 내려가 집으로 돌아왔습니다. 은서네 집은 몇 층입니까?

（　　　　　　　）

그림을 그려서 알아봅니다.

07 현수는 블록을 한 층에 I개씩 6개 쌓았고, 선호는 한 층에 2개씩 4층 쌓았습니다. 누가 블록을 몇 개 더 많이 쌓았습니까?

(   ), (   )

> 블록의 수를 비교해서 블록이 남는 사람을 구합니다.

서술형

08 소현이는 포도 사탕 5개를 가지고 있었습니다. 그중 포도 사탕 I개를 레몬 사탕 3개로 바꾸었습니다. 소현이가 가지고 있는 사탕은 모두 몇 개인지 풀이 과정을 쓰고 답을 구하시오.

> 포도 사탕을 바꾼 후 가지고 있는 포도 사탕과 레몬 사탕의 개수를 구합니다.

풀이 _____

_____

_____

답 _____

09 스티커를 규진이는 5개, 성호는 9개 가지고 있습니다. 두 사람이 가지고 있는 스티커의 수가 같아지려면 성호는 규진이에게 스티커 몇 개를 주어야 합니까?

(   )

> 두 사람이 가지고 있는 스티커를 수만큼 그려 하나씩 짝지어봅니다.

10 딸기를 민재는 4개보다 3개 더 많이 먹었고, 수아는 8개보다 2개 더 적게 먹었습니다. 누가 더 많이 먹었습니까?

( )

민재와 수아가 먹은 딸기의 수를 먼저 구합니다.

11 ■, ▲, ● 중 가장 큰 것은 어느 것입니까?

- ■보다 1만큼 더 큰 수는 6입니다.
- ▲보다 1만큼 더 작은 수는 5입니다.
- ●보다 2만큼 더 큰 수는 9입니다.

( )

■, ▲, ●에 알맞은 수를 먼저 구하여 비교해 봅니다.

12 □ 안에는 모두 같은 수가 들어갑니다. □ 안에 들어갈 수 있는 수를 모두 구하시오.

- □는 3보다 큽니다.
- □는 8보다 작습니다.
- □는 5보다 큽니다.

( )

각 조건에서 □ 안에 들어갈 수 있는 수를 구합니다.

13 연아는 2부터 7까지의 수를 순서대로 쓰고, 소미는 4부터 9까지의 수를 순서대로 썼습니다. 연아가 왼쪽에서 넷째에 쓴 수를 소미는 왼쪽에서 몇째에 썼습니까?

( )

연아가 왼쪽에서 넷째에 쓴 수를 먼저 알아봅니다.

14 9칸의 계단에 어린이들이 한 칸에 한 명씩 있습니다. 아래에서 둘째 계단과 위에서 셋째 계단 사이에 있는 어린이는 몇 명입니까?

( )

양쪽에서 순서대로 세어봅니다.

15 미주와 친구들은 버스를 타기 위해 한 줄로 서 있습니다. 미주는 앞에서부터 셋째이고, 미주 바로 앞에는 진우가 서 있습니다. 진우는 뒤에서부터 다섯째일 때, 줄을 서 있는 사람들은 모두 몇 명입니까?

( )

그림을 그려 생각해 봅니다.

01 9명의 학생이 달리기를 하고 있습니다. 지수는 7등으로 달리다가 3 명을 앞질렀습니다. 지수 앞에는 몇 명의 학생이 달리고 있습니까?

( )

창의융합

02 다음과 같은 규칙에 따라 수를 세어 오른쪽으로 한 칸씩 이동합니다. 출발할 때의 수가 5이면 도착할 때의 수는 얼마입니까?

규칙
☆: 전의 수보다 3만큼 더 큰 수
♡: 전의 수보다 4만큼 더 작은 수
□: 전의 수보다 2만큼 더 큰 수

진행 방향 →

5 출발	☆	♡	□	☆	♡ 도착

( )

03 은서와 민지는 가위바위보를 하여 이기면 3계단 올라가고 지면 1계단 올라가기로 하였습니다. 두 사람이 같은 곳에서 가위바위보를 하여 은서가 2번 이기고 1번 졌을 때, 은서는 민지보다 몇 계단 위에 있습니까? (단, 비기는 경우는 생각하지 않습니다.)

( )

04 네 명의 친구들이 솔방울을 가지고 있습니다. 가장 적게 가지고 있는 사람은 누구입니까?

> • 시아는 4개보다 2개 더 많이 가지고 있습니다.
> • 하은이는 시아보다 3개 더 많이 가지고 있습니다.
> • 연준이는 시아보다 1개 더 적게 가지고 있습니다.
> • 연준이가 예솔이에게 솔방울 1개를 주면 두 사람이 가지고 있
>   는 솔방울의 수는 같아집니다.

(   )

05 다음과 같이 수를 나타낼 때, 8이 되도록 표시해 보시오.

○ × × × ➡ 1	× ○ × × ➡ 2
× × ○ × ➡ 3	× × × ○ ➡ 4
○ × × ○ ➡ 5	× ○ × ○ ➡ 6

_ _ _ _ _ ➡ 8

될성부른 나무는 떡잎부터!

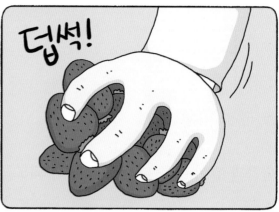

* 앤드류 카네기 (1835년 ~ 1919년)

미국의 기업인 겸 자선사업가. 이민자 출신의 면직물 공장
소년 직공에서 철도회사를 거쳐 미국 최대의 철강회사의
소유주가 되어 '강철왕'이라는 별명을 얻었다.

여러 가지 모양

2

이 단원에서
완성할 내용

2. 여러 가지 모양

+ 개념

1 여러 가지 모양 찾기

생활 주변에서 ⬚, ⬚, ◯ 모양을 찾을 수 있습니다.

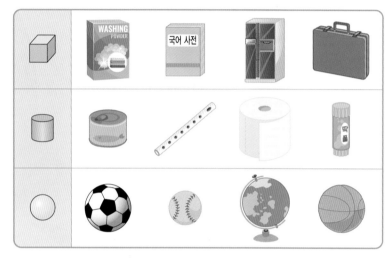

· ⬚: 상자 모양
· ⬚: 둥근 기둥 모양
· ◯: 공 모양

2 같은 모양끼리 모으기

같은 모양끼리 모을 때는 크기와 색깔이 달라도 모양이 같으면 모을 수 있습니다.

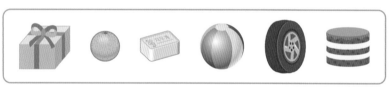

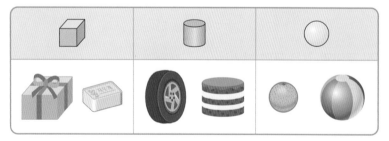

➕ 크기와 색깔에 관계없이
⬚, ⬚, ⬚는 모두
⬚ 모양입니다.
◖는 ◯ 모양이 아닙니다.

개념 더블체크

개념 1 여러 가지 모양 찾기

01  모양에 □표, 🗂 모양에 △표, ◯ 모양에 ◯표 하시오.

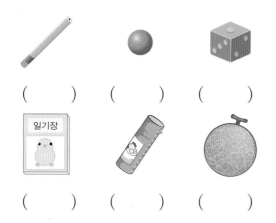

( ) ( ) ( )

( ) ( ) ( )

개념 1 여러 가지 모양 찾기

[02~03] 그림을 보고 물음에 답하시오.

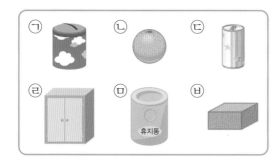

02 🗂 모양을 모두 찾아 기호를 쓰시오.

( )

03 ◯ 모양을 찾아 기호를 쓰시오.

( )

개념 2 같은 모양끼리 모으기

04 모양이 같은 것끼리 이어 보시오.

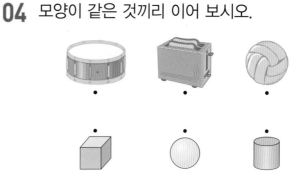

개념 2 같은 모양끼리 모으기

05 🗂 모양끼리 모으려고 합니다. 모을 수 없는 물건을 찾아 기호를 쓰시오.

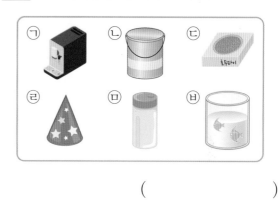

( )

개념 2 같은 모양끼리 모으기

06 같은 모양끼리 물건을 모은 사람은 누구입니까?

연아   우림

( )

+ 개념

3 여러 가지 모양 알아보기

(1) 모양 알아맞히기

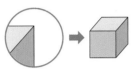 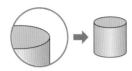 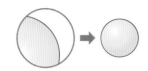

(2) ▢, ▭, ◯ 모양 알아보기

모양	특징
▢	① 뾰족한 부분이 있습니다. ② 평평한 부분이 있습니다. ③ 잘 쌓을 수 있습니다. ④ 잘 굴러가지 않습니다.
▭	① 평평한 부분이 있습니다. ② 둥근 부분이 있습니다. ③ 세우면 잘 쌓을 수 있으나 눕히면 쌓을 수 없습니다. ④ 눕히면 잘 굴러갑니다.
◯	① 둥근 부분으로만 되어 있습니다. ② 잘 쌓을 수 없습니다. ③ 어느 방향으로도 잘 굴러갑니다.

⊕ 평평한 부분의 수 알아보기

모양	평평한 부분의 수
▢	6
▭	2
◯	0

4 여러 가지 모양으로 만들기

▢, ▭, ◯ 모양으로 여러 가지 모양을 만들 수 있습니다.

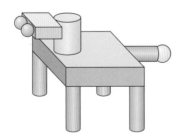

➡ ▢ 모양은 2개, ▭ 모양은 6개, ◯ 모양은 3개로 강아지를 만들 수 있습니다.

⊕ 각 모양의 개수를 셀 때에는 빠뜨리지 않도록 V, X 등의 표시를 하면서 세어 봅니다.

 여러 가지 모양 알아보기

[07~08] 어떤 모양의 일부분인지 아래 그림에서 찾아 기호를 쓰시오.

07

(   )

08

(   )

 여러 가지 모양 알아보기

09 설명에 맞는 모양을 찾아서 ○표 하시오.

> • 평평한 부분이 있습니다.
> • 잘 굴러가지 않습니다.

(,   ,   )

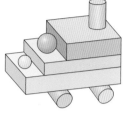 여러 가지 모양으로 만들기

10 오른쪽 모양을 만드는 데 사용한 모양의 개수를 각각 구하시오.

모양: (   )

모양: (   )

모양: (   )

여러 가지 모양으로 만들기

11 다음 모양에 사용하지 <u>않은</u> 모양을 찾아 ○표 하시오.

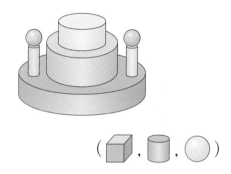

(,   ,   )

여러 가지 모양으로 만들기

12 왼쪽 모양을 모두 사용하여 만들 수 있는 모양을 찾아 이어 보시오.

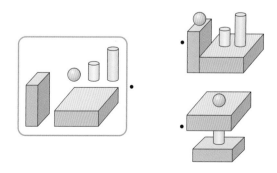

유형 1 주어진 모양과 같은 모양 찾기

왼쪽과 같은 모양의 물건을 찾아 기호를 쓰시오.

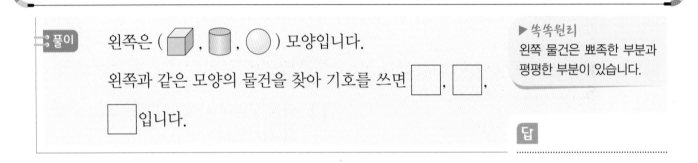

풀이 왼쪽은 (⬜ , ⬛ , ◯) 모양입니다.

왼쪽과 같은 모양의 물건을 찾아 기호를 쓰면 ☐ , ☐ ,

☐ 입니다.

▶ 쏙쏙원리
왼쪽 물건은 뾰족한 부분과
평평한 부분이 있습니다.

답

1-1 둥근 부분이 <u>없는</u> 모양은 모두 몇 개입니까?

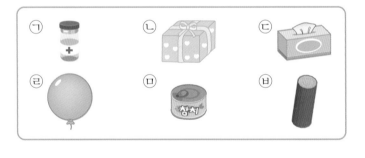

( )

1-2 왼쪽과 같은 모양에 알맞은 물건은 모두 몇 개입니까?

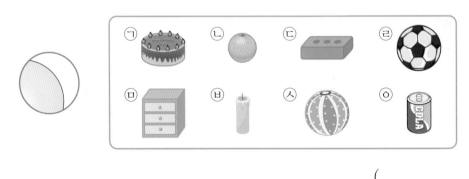

( )

유형2 공통으로 가지고 있는 모양 알아보기

윤지와 기환이가 가지고 있는 물건입니다. 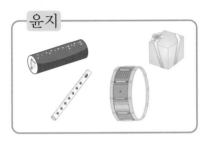 모양 중에서 두 사람이 모두 가지고 있는 모양을 찾아 ○표 하시오.

풀이 윤지가 가지고 있는 물건의 모양을 모두 찾으면

(, , ○) 모양입니다.

기환이가 가지고 있는 물건의 모양을 모두 찾으면

(, , ○) 모양입니다.

따라서 두 사람이 모두 가지고 있는 모양은

(, , ○) 모양입니다.

▶ 쏙쏙원리
두 사람이 각각 가지고 있는 모양을 먼저 찾아 봅니다.

답 (, , ○)

2-1 민수와 동현이의 방에 있는 물건입니다. 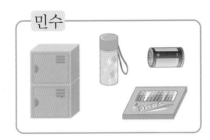 모양 중에서 두 사람의 방에 모두 있는 모양을 찾아 ○표 하시오.

()

유형 3 가장 많이 사용한 모양 알아보기

지승이는 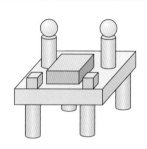 모양을 사용하여 오른쪽과 같은 모양을 만들었습니다. 가장 많이 사용한 모양을 찾아 ○표 하시오.

풀이 사용한 모양의 개수를 각각 세어 보면

▶ 쏙쏙원리
크기와 색깔이 달라도 모양이 같으면 같은 모양입니다.

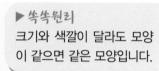 모양: ☐개, 모양: ☐개, 모양: ☐개입니다.

가장 많이 사용한 모양은 (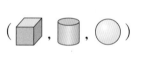) 모양입니다.   **답**

3-1 태호는 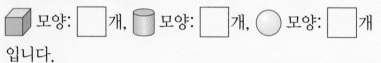 모양을 사용하여 오른쪽과 같은 모양을 만들었습니다. 가장 많이 사용한 모양을 찾아 ○표 하시오.

()

3-2 윤아는  모양을 사용하여 오른쪽과 같은 모양을 만들었습니다. 가장 많이 사용한 모양에 ○표 하고, 몇 개 사용하였는지 구하시오.

(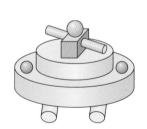), (   )

유형4 주어진 모양으로 만들 수 있는 모양 찾기

왼쪽 모양을 모두 사용하여 만들 수 있는 모양을 찾아 기호를 쓰시오.

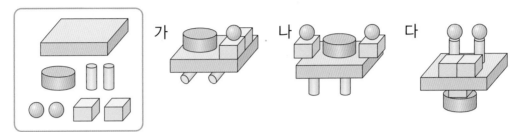

가   나   다

풀이 왼쪽 모양은

▣모양: ☐개, ⬤모양: ☐개, ◯모양: ☐개

입니다.

가 — ▣모양: ☐개, ⬤모양: ☐개, ◯모양: ☐개

나 — ▣모양: ☐개, ⬤모양: ☐개, ◯모양: ☐개

다 — ▣모양: ☐개, ⬤모양: ☐개, ◯모양: ☐개

따라서 왼쪽 모양을 모두 사용하여 만들 수 있는 모양은

☐입니다.

▶**쏙쏙원리**
모양을 셀 때에는 빠트리지
않게 표시하면서 셉니다.

답

4-1 왼쪽 모양을 모두 사용하여 만들 수 있는 모양을 찾아 기호를 쓰시오.

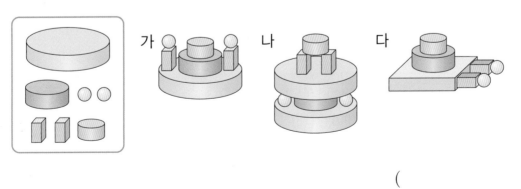

가   나   다

(   )

유형5 조건에 맞는 모양 찾기

오른쪽 모양에서 평평한 부분이 있는 모양은 모두 몇 개입니까?

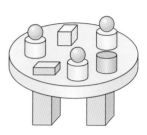

풀이 평평한 부분이 있는 모양은 (, ,) 모양입니다.

오른쪽 모양에서 모양: ☐ 개, 모양: ☐ 개이므로 모두 ☐ 개입니다.

▶쏙쏙원리
크기와 색깔이 달라도 모양이 같으면 같은 모양입니다.

답

5-1 오른쪽 모양에서 평평한 부분이 있는 모양은 평평한 부분이 없는 모양보다 몇 개 더 많습니까?

( )

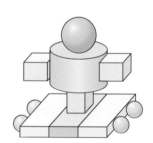

5-2 오른쪽 모양에서 평평한 부분의 수에 따른 모양의 개수를 세어 빈 칸에 써넣으시오.

평평한 부분의 수(개)	6	2	0
사용한 모양의 개수(개)			

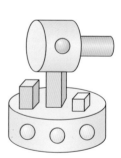

유형6 **설명에 알맞은 물건 찾기**

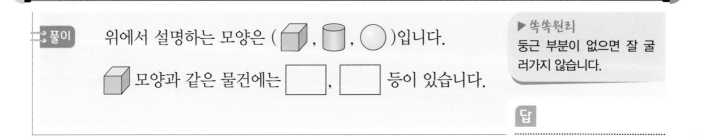 모양 중 다음에서 설명하는 모양의 물건을 주변에서 찾아 2개 쓰시오.

> • 뾰족한 부분이 있습니다.
> • 잘 굴러가지 않습니다.

풀이 위에서 설명하는 모양은 (⬛, 🟫, ⚪)입니다.

⬛ 모양과 같은 물건에는 ☐ , ☐ 등이 있습니다.

▶쏙쏙원리
둥근 부분이 없으면 잘 굴러가지 않습니다.

답

6-1 모양 중 다음에서 설명하는 모양의 물건을 주변에서 찾아 2개 쓰시오.

> • 평평한 부분과 둥근 부분이 있습니다.
> • 눕혀서 굴리면 잘 굴러갑니다.

( )

6-2 ‖보기‖의 물건 중 혜수가 설명하는 모양은 모두 몇 개입니까?

혜수: 평평한 부분은 없고 모든 방향으로 잘 굴러가~

( )

유형7 규칙을 찾아 문제 해결하기

규칙에 따라 빈 곳에 들어갈 모양을 찾아 ○표 하시오.

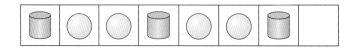

풀이 규칙은 ▯, ◯, ◯ 모양이 반복되는 규칙입니다.

빈 곳에 들어갈 모양은 (▨ , ▯ , ◯) 모양입니다.

▶ 쏙쏙원리
어떤 모양들이 반복되는지 살펴봅니다.

답 (▨ , ▯ , ◯)

7-1 규칙에 따라 빈 곳에 들어갈 모양을 찾아 ○표 하시오.

(▨ , ▯ , ◯)

7-2 규칙을 정해 물건을 늘어놓았습니다. 빈 곳에 들어갈 물건의 특징을 바르게 말한 사람은 누구입니까?

승희: 이 물건은 쉽게 쌓을 수 있어!
윤호: 이 물건은 둥근 부분으로만 되어 있어.

(   )

01 그림을 보고 바르게 설명한 것을 찾아 기호를 쓰시오.

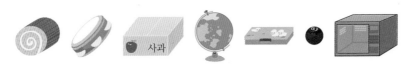

ㄱ ▨ 모양이 가장 많습니다.

ㄴ ▨ 모양이 ◯ 모양보다 적습니다.

ㄷ ◯ 모양은 1개입니다.

(   )

크기와 색깔이 달라도 모양이 같으면 같은 모양입니다.

2

여 러 가 지 모 양

02 ▨, ▨, ◯ 모양을 사용하여 오른쪽 모양을 만들었습니다. 사용한 모양의 수가 <u>다른</u> 하나에 ◯표 하시오.

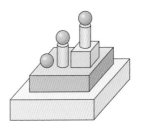

각 모양의 개수를 셀 때에는 빠뜨리지 않도록 ∨, ✕ 등의 표시를 하면서 세어 봅니다.

03 ▨ 모양 3개, ▨ 모양 2개, ◯ 모양 4개로 만든 모양을 찾아 기호를 쓰시오.

가   나   다

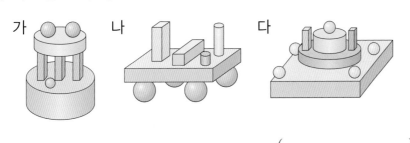

(   )

각 모양이 ▨, ▨, ◯ 모양을 몇 개씩 사용하여 만든 것인지 먼저 구합니다.

[04~06] 유정, 동혁, 세호가 각자의 기준에 따라 다음 물건들을 정리하려
고 합니다. 물음에 답하시오.

04 유정이는 평평한 부분이 있는 것과 없는 것으로 정리하려고 합
니다. 빈 곳에 알맞은 기호를 쓰시오.

🏳 전체가 둥근 모양은 평평한 부분
이 없습니다.

평평한 부분이 있는 것	평평한 부분이 없는 것

05 동혁이는 잘 굴러가는 것과 잘 굴러가지 않는 것으로 정리하려
고 합니다. 빈 곳에 알맞은 기호를 쓰시오.

🏳 둥근 부분이 있는 것은 잘 굴러
갑니다.

잘 굴러가는 것	잘 굴러가지 않는 것

06 세호는 구멍으로 보이는 모양이 같은 것끼리 정리하려고 합니
다. 빈 곳에 알맞은 기호를 쓰시오.

🏳 평평한 부분과 둥근 부분으로 모
양을 유추해 봅니다.

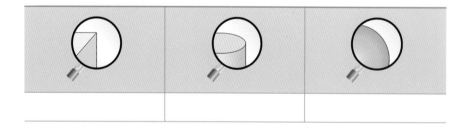

07 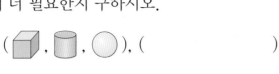 모양이 각각 **3**개씩 있습니다.
오른쪽 모양을 만들기 위해서는 어떤 모양이
몇 개 더 필요한지 구하시오.

(), (   )

각 모양을 몇 개씩 사용하여
만들었는지 세어 봅니다.

08 　, 　, 　 모양 중에서 설명에 <u>없는</u> 모양의 물건을 주변에
서 **2**개만 찾아 쓰시오.

한 방향으로만 굴러가는 모양
은 눕혀야 잘 굴러갑니다.

> - 한 방향으로만 잘 굴러갑니다.
> - 평평한 부분이 6개 있습니다.
> - 뾰족한 부분이 있습니다.

(   )

09 다음은 성아와 한별이가 만든 모양입니다. 성아가 한별이보다
더 많이 사용한 모양에 ○표 하고, 몇 개 더 많이 사용하였는지
구하시오.

각자 사용한 모양의 개수를 먼
저 구해 봅니다.

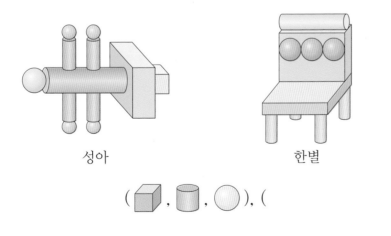

성아   한별

(　, 　, 　), (   )

10 오른쪽은 돋보기로 본 어떤 모양의 일부분입니다. 다음 모양을 만들기 위해 이 모양은 몇 개 필요한지 구하시오.

뾰족한 부분이 있는 모양을 찾아 봅니다.

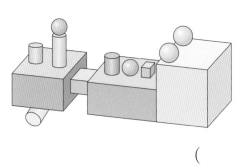

(   )

11 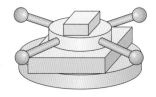 모양, 모양, 모양으로 오른쪽과 같은 모양을 만들었더니 모양 1개, 모양 2개가 남았습니다. 처음에 가지고 있던 모양, 모양, 모양은 각각 몇 개였는지 구하시오.

사용한 모양의 개수를 각각 구한 후, 남은 모양의 개수를 더합니다.

모양: (   ), 모양: (   ), 모양: (   )

12 서술형

모양, 모양, 모양으로 만든 모양입니다. 뾰족한 부분이 없는 모양을 뾰족한 부분이 있는 모양보다 몇 개 더 사용했는지 풀이 과정을 쓰고 답을 구하시오.

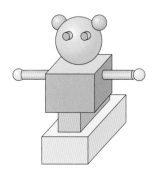

풀이

답

13 다음은 서진이와 윤서가 상자 안을 들여다 보고 그린 그림입니다. 상자 안에 들어 있는 모양에 대해 바르게 말한 사람은 누구입니까?

> 서진: 이 모양은 뾰족한 부분이 없어.
> 윤서: 이 모양은 둥근 부분이 있어서 잘 쌓을 수 없을 것 같아.

(   )

14 다음은 모양을 일정한 규칙에 따라 늘어놓은 것입니다. 빈 곳에 들어갈 모양은 어떤 모양인지 ○표 하고, 색을 쓰시오.

⚑ 색의 규칙과 모양의 규칙을 모두 생각합니다.

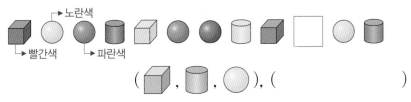

01 승현이는 가지고 있는 모양으로 다음과 같은 모양을 만들려고 했더니

승현이가 가지고 있는 ⬜, ⬛, ○ 모양은 각각 몇 개입니까?

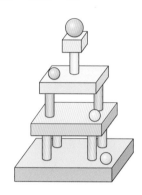

모양: (   ), ⬛ 모양: (   ), ○ 모양: (   )

02 오른쪽 모양은 어떤 모양의 일부분입니다. 다음 중 바르게 설명한 것을 찾아 기호를 쓰시오.

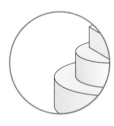

ㄱ 맨 아래층의 모양은 ⬛ 모양입니다.

ㄴ 맨 위층의 모양은 평평한 부분이 2개입니다.

ㄷ 가운데 층의 모양은 모든 부분이 둥급니다.

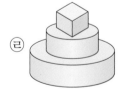

ㄹ   모양의 일부분입니다.

(   )

03 평평한 부분과 둥근 부분이 모두 있는 모양을 가장 많이 사용한 사람은 누구입니까?

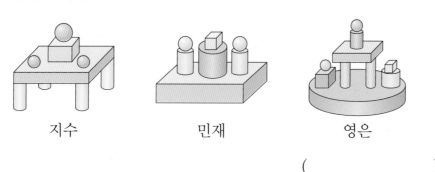

지수   민재   영은

(   )

04 다음과 같은 규칙에 따라 모양을 쌓고 있습니다. 7번째에 오는 모양에서 굴러갈 수 있는 모양은 굴러갈 수 없는 모양보다 몇 개 더 많은지 구하시오.

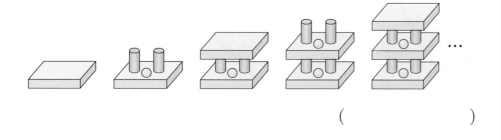

(   )

다음 그림에서 만들 수 있는 크고 작은 삼각형은
모두 몇 개일까요?

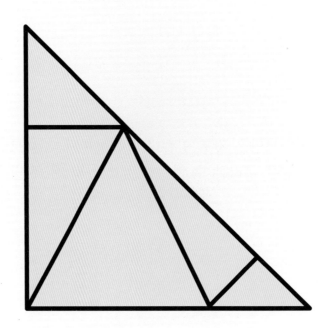

정답은 11쪽

덧셈과 뺄셈

3

이 단원에서
완성할 내용

3. 덧셈과 뺄셈

1 모으기와 가르기

(1) 모으기

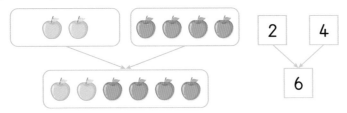

➡ 2와 4를 모으면 6이 됩니다.

(2) 가르기

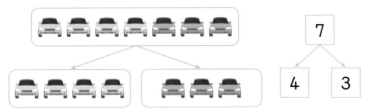

➡ 7은 4와 3으로 가를 수 있습니다.

참고 2부터 9까지의 수 모으기와 가르기

2	3	4	5	6	7	8	9
1, 1	1, 2	1, 3	1, 4	1, 5	1, 6	1, 7	1, 8
	2, 1	2, 2	2, 3	2, 4	2, 5	2, 6	2, 7
		3, 1	3, 2	3, 3	3, 4	3, 5	3, 6
			4, 1	4, 2	4, 3	4, 4	4, 5
				5, 1	5, 2	5, 3	5, 4
					6, 1	6, 2	6, 3
						7, 1	7, 2
							8, 1

2 그림을 보고 이야기 만들기

(1) 덧셈 이야기: 초콜릿 4개와 사탕 5개를 합하면 9개입니다.

(2) 뺄셈 이야기: 초콜릿이 4개이고 사탕이 5개이므로 사탕이 1개 더 많습니다.

+ 개념

⊕ 모으기는 두 수를 하나의 수로 모으는 것이고, 가르기는 한 수를 두 수로 가르는 것입니다.

⊕ 수가 커질수록 모으고 가르는 방법이 많습니다.

개념 더블체크

개념 1 모으기와 가르기

[01~02] 모으기와 가르기를 하여 빈칸에 알맞은 수를 써넣으시오.

01

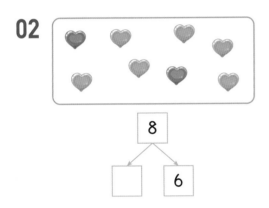

┌─────┐   ┌─────┐
│ 4 │   │   │
└─────┘   └─────┘
      ↓
   ┌─────┐
   │   │
   └─────┘

02

┌─────┐
│ 8 │
└─────┘
  ↓   ↘
┌───┐ ┌───┐
│   │ │ 6 │
└───┘ └───┘

개념 1 모으기와 가르기

03 양쪽 두 그림의 수를 모아서 5가 되는 것끼리 선으로 이어 보시오.

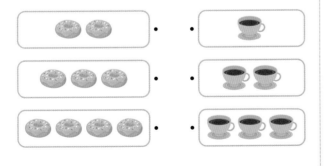

개념 1 모으기와 가르기

04 수 카드 5장 중에서 2장을 골라 두 수를 모으기 했더니 8이 되었습니다. 어떤 수 카드를 뽑았습니까?

(   ), (   )

개념 1 모으기와 가르기

05 연필 6자루를 두 사람이 똑같이 나누어 가지려고 합니다. 한 사람이 연필을 몇 자루 가지면 됩니까?

(   )

개념 2 그림을 보고 이야기 만들기

06 그림을 보고 이야기를 2가지 만들어 보시오.

┌ 이야기1 ─────────────────

───────────────────────

┌ 이야기2 ─────────────────

───────────────────────

3 덧셈하기

(1) 덧셈식

 ➡

[쓰기] $4 + 1 = 5$

[읽기] · 4 더하기 1은 5와 같습니다.

· 4와 1의 합은 5입니다.

➡ 더하기는 '$+$'로, 같다는 '$=$'로 나타냅니다.

(2) 덧셈하기

· $4 + 5$의 계산

① 그림으로 알아보기

$4 + 5 = 9$

② 모으기로 알아보기

4와 5를 모으면 9가 됩니다.

➡ $4 + 5 = 9$

4 뺄셈하기

(1) 뺄셈식

[쓰기] $5 - 3 = 2$

[읽기] · 5 빼기 3은 2와 같습니다.

· 5와 3의 차는 2입니다.

➡ 빼기는 '$-$'로, 같다는 '$=$'로 나타냅니다.

(2) 뺄셈하기

· $7 - 4$의 계산

① 그림으로 알아보기

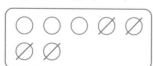

$7 - 4 = 3$

② 가르기로 알아보기

7은 4와 3으로 가를 수 있습니다. ➡ $7 - 4 = 3$

+ 개념

➕ 두 수를 바꾸어 더해도 계산한 값은 같습니다.
$3 + 2 = 5 \Leftrightarrow 2 + 3 = 5$

개념 3 덧셈하기

07 그림을 보고 덧셈을 하시오.

$\square + \square = \square$

개념 3 덧셈하기

08 합이 가장 큰 것을 찾아 기호를 쓰시오.

> ㉠ 1+5 ㉡ 7+2 ㉢ 3+4

( )

개념 3 덧셈하기

09 상자에 고구마 3개와 감자 4개가 들어 있습니다. 상자에 들어 있는 고구마와 감자는 모두 몇 개입니까?

( )

개념 4 뺄셈하기

10 그림을 보고 알맞은 뺄셈식을 써 보시오.

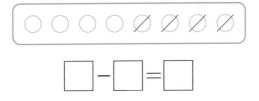

$\square - \square = \square$

개념 4 뺄셈하기

11 다음 중 계산 결과가 같은 것을 고르시오.

( )

① 8−4 ② 8−7 ③ 5−2
④ 7−1 ⑤ 6−2

개념 4 뺄셈하기

12 5장의 수 카드 중에서 가장 큰 수와 가장 작은 수의 차를 구하시오.

( )

5 ꞏ 0을 더하거나 빼기

(1) 어떤 수와 0을 더하면 항상 어떤 수가 됩니다.

　➡ $6+0=6$, $0+6=0$

(2) 어떤 수에서 0을 빼면 항상 어떤 수가 됩니다.

　➡ $6-0=6$

(3) 어떤 수에서 어떤 수를 빼면 0이 됩니다.

　➡ $6-6=0$

+ 개념

➕ 0은 아무것도 없는 것을 나타내는 수이므로 더하거나 빼도 수가 달라지지 않습니다.

6 ꞏ 덧셈과 뺄셈하기

(1) 덧셈식에서 규칙 찾기

　① 더하는 수가 1씩 커지는 경우

　　$3+1=4$, $3+2=5$, $3+3=6$……

　　➡ 더하는 수가 1씩 커지면 합도 1씩 커집니다.

　② 합이 같은 경우

　　$0+3=3$, $1+2=3$, $2+1=3$, $3+0=3$

　　➡ 합이 항상 3으로 같은 식입니다.

(2) 뺄셈식에서 규칙 찾기

　① 빼는 수가 1씩 커지는 경우

　　$5-1=4$, $5-2=3$, $5-3=2$……

　　➡ 빼는 수가 1씩 커지면 차는 1씩 작아집니다.

　② 차가 같은 경우

　　$7-5=2$, $6-4=2$, $5-3=2$……

　　➡ 차가 항상 2로 같은 식입니다.

(3) 덧셈식과 뺄셈식의 관계

　덧셈식을 만들 수 있는 세 수로 네 가지 식을 만들 수 있습니다.

➕ ꞏ 덧셈식에서 모르는 수 구하기

$3+\square=8$

$8-3=\square$, $\square=5$

ꞏ 뺄셈식에서 모르는 수 구하기

$\square-3=5$

$5+3=\square$, $\square=8$

$8-\square=3$

$8-3=\square$, $\square=5$

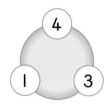

덧셈식	뺄셈식
$1+3=4$	$4-1=3$
$3+1=4$	$4-3=1$

개념 5 0을 더하거나 빼기

13 예은이의 오른손에는 사탕이 4개 있고 왼손에는 없습니다. 예은이의 손에는 몇 개의 사탕이 있는지 덧셈식을 쓰고, 답을 구하시오.

덧셈식: _____, (   )

개념 5 0을 더하거나 빼기

14 계산 결과가 가장 큰 것에 ○표, 가장 작은 것에 △표 하시오.

6－0	2＋5
0＋8	7－7

개념 5 0을 더하거나 빼기

15 □ 안에 ＋와 －를 모두 쓸 수 있는 식은 어느 것입니까? (   )

① 7□2＝9   ② 5□1＝4

③ 0□8＝8   ④ 7□0＝7

⑤ 6□4＝2

개념 5 0을 더하거나 빼기

16 계산 결과가 같은 것끼리 선으로 이어 보시오.

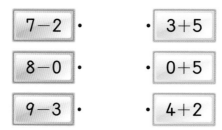

7－2 ·   · 3＋5

8－0 ·   · 0＋5

9－3 ·   · 4＋2

개념 6 덧셈과 뺄셈하기

17 수 카드 3장을 사용하여 덧셈식과 뺄셈식을 만들어 보시오.

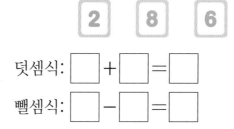

2   8   6

덧셈식: □＋□＝□

뺄셈식: □－□＝□

개념 6 덧셈과 뺄셈하기

18 뺄셈식을 보고 만들 수 있는 덧셈식을 모두 고르시오. (   )

7－2＝5

① 2＋5＝7   ② 1＋6＝7

③ 6＋1＝7   ④ 5＋2＝7

⑤ 7＋2＝9

3

덧셈과 뺄셈

유형 1 빈칸에 알맞은 수 구하기

㉠에 알맞은 수를 구하시오.

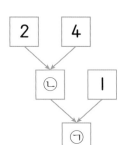

풀이

2와 4를 모으면 ☐이 됩니다. ➡ ㉡=☐

6과 1을 모으면 ☐이 됩니다. ➡ ㉠=☐

▶ 쏙쏙원리
두 수를 차례로 모으기 해
봅니다.

답

1-1 ㉠에 알맞은 수를 구하시오.

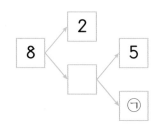

( )

1-2 ㉠에 알맞은 수를 구하시오.

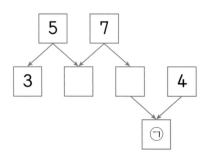

( )

유형 2 **합이나 차가 같은 식**

다음 덧셈식의 합이 같을 때, ■ ━ ▲를 구하시오

| 2＋7 | 1＋■ | 4＋▲ |

풀이 덧셈식의 합이 모두 같으므로 합이 2＋7＝9인 덧셈식입니다.

▶**쏙쏙원리**
각 덧셈식의 합이 얼마인지 먼저 구합니다.

1＋8＝9이므로 ■＝ ☐

4＋5＝9이므로 ▲＝ ☐

➡ ■ ━ ▲＝ ☐ ━ ☐ ＝ ☐

답

2-1 다음 덧셈식의 합이 같을 때, ★ ＋ ●를 구하시오.

| 4＋2 | ★＋3 | 1＋● |

( )

2-2 ▲ ━ ●를 구하시오. (단, 같은 모양은 같은 수를 나타냅니다.)

3＋4＝■, 2＋▲＝■, 9━●＝■

( )

유형 3 수 카드로 덧셈식과 뺄셈식 만들기

수 카드 4장 중에서 2장을 골라 합이 가장 큰 덧셈식을 만들어 보시오.

$$\boxed{1} \quad \boxed{3} \quad \boxed{4} \quad \boxed{5}$$

풀이 합이 가장 크려면 가장 큰 수와 둘째로 큰 수를 더해야 합니다.

▶쏙쏙원리
(합이 가장 큰 덧셈식)
=(가장 큰 수)+(둘째로 큰 수)

수 카드 중 가장 큰 수는 $\boxed{}$ 이고 둘째로 큰 수는 $\boxed{}$ 입니다.

합이 가장 큰 덧셈식은 $\boxed{}+\boxed{}=\boxed{}$ 입니다.

답

3-1 수 카드 4장 중에서 2장을 골라 차가 가장 큰 뺄셈식을 만들려고 합니다. □ 안에 알맞은 수를 써넣으시오.

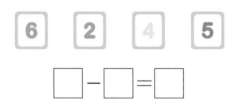

$$\boxed{6} \quad \boxed{2} \quad \boxed{4} \quad \boxed{5}$$

$$\boxed{}-\boxed{}=\boxed{}$$

3-2 수 카드가 5장 있습니다. 이 중에서 4장을 골라 차가 4인 뺄셈식을 2개 만들려고 합니다. □ 안에 알맞은 수를 써넣으시오.

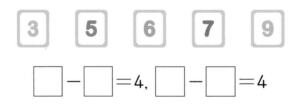

$$\boxed{3} \quad \boxed{5} \quad \boxed{6} \quad \boxed{7} \quad \boxed{9}$$

$$\boxed{}-\boxed{}=4, \quad \boxed{}-\boxed{}=4$$

유형 4 **가르기의 활용**

선호와 준서는 구슬 6개를 나누어 가지려고 합니다. 나누어 가지는 방법은 모두 몇 가지입니까? (단, 선호와 준서는 구슬을 적어도 한 개씩은 가집니다.)

풀이 6을 두 수로 가르면 1과 ☐, 2와 ☐, ☐과 3, 4와 ☐, ☐와 ☐입니다.

6을 두 수로 가르는 방법은 모두 ☐가지이므로 선호와 준서가 구슬을 나누어 가지는 방법은 모두 ☐가지입니다.

▶ **쏙쏙원리**
6을 가르기 하는 방법을 생각해 봅니다.

답

3

덧셈과 뺄셈

4-1 연우와 세아는 초콜릿 7개를 나누어 가지려고 합니다. 나누어 가지는 방법은 모두 몇 가지입니까? (단, 연우와 세아는 초콜릿을 적어도 한 개씩은 가집니다.)

(   )

4-2 지수와 서희는 색종이 9장을 나누어 가지려고 합니다. 지수가 서희보다 색종이를 더 많이 가지는 방법은 모두 몇 가지입니까? (단, 지수와 서희는 색종이를 적어도 1장씩은 가집니다.)

(   )

유형5 알맞은 수 구하기

같은 모양은 같은 수를 나타냅니다. ◆에 알맞은 수를 구하시오.

$$4+3=●, \quad ●-◆=2$$

풀이 $4+3=\boxed{}$ 이므로 $●=\boxed{}$ 입니다.

▶ 쏙쏙원리
●를 먼저 구합니다.

● 모양에 7을 넣으면 $\boxed{}-◆=2$

7에서 몇을 빼서 $\boxed{}$ 가 되는 수는 $\boxed{}$ 이므로

$◆=\boxed{}$ 입니다.

답

5-1 같은 모양은 같은 수를 나타냅니다. ▲에 알맞은 수를 구하시오.

$$■-2=3, \quad ▲-■=1$$

(   )

5-2 같은 모양은 같은 수를 나타냅니다. ⊙에 알맞은 수를 구하시오.

$$★+★=6, \quad ★+5=⊙$$

(   )

5-3 같은 모양은 같은 수를 나타냅니다. ■=2일 때 ▲는 얼마입니까?

$$■+■=●, \quad ●+■=⊙, \quad ⊙-3=▲$$

(   )

유형 6 **덧셈과 뺄셈의 활용**

재민이가 가지고 있던 자두를 동생과 똑같이 나누어 가진 후, 1개를 먹었더니 2개가 남았습니다. 재민이가 처음에 가지고 있던 자두는 몇 개입니까?

풀이 재민이가 자두 1개를 먹기 전에 가지고 있던 자두는

$\boxed{}$ + 1 = $\boxed{}$ (개)입니다.

재민이와 동생이 똑같이 나누어 가졌으므로 동생이 가진

자두는 $\boxed{}$ 개입니다.

따라서 재민이와 동생이 나누어 가지기 전에 있던 자두는

모두 $\boxed{}$ 개입니다.

▶ 쏙쏙원리
재민이가 자두를 먹기 전 가지고 있던 자두는 몇 개인지 먼저 구합니다.

답

6-1 딸기 사탕 5개와 레몬 사탕 4개가 있습니다. 수연이가 딸기 사탕 2개를 먹으면 남아 있는 사탕은 몇 개가 됩니까?

(   )

6-2 구슬을 민재가 지희보다 1개 더 많게 나누어 가졌습니다. 지희가 구슬 2개를 친구에게 주었더니 1개가 남았습니다. 나누어 가지기 전에 구슬은 몇 개 있었습니까?

(   )

6-3 수지는 노란색 색종이 7장을 가지고 있었습니다. 유리에게 노란색 색종이 5장을 주고 파란색 색종이 3장을 받았습니다. 수지가 지금 가지고 있는 색종이는 모두 몇 장입니까?

(   )

01 7을 두 수로 가르기 하였습니다. 가른 두 수의 차가 3일 때 두 수를 구하시오.

(   )

> ⚑ 7을 두 수로 가르는 방법을 모두 알아봅니다.

02 대화를 읽고 두 사람이 먹은 젤리는 모두 몇 개인지 구하시오.

나는 젤리 5개를 먹었어.

나는 형보다 젤리를 1개 더 적게 먹었어.

형   동생

(   )

> ⚑ 동생이 먹은 젤리의 수를 먼저 구합니다.

서술형

03 어떤 수에 2를 더해야 할 것을 잘못하여 뺐더니 5가 되었습니다. 바르게 계산하면 얼마인지 풀이 과정을 쓰고 답을 구하시오.

▮ 풀이

▮ 답

> ⚑ 어떤 수를 □로 놓고 잘못 계산한 식을 세워 봅니다.

04 □ 안에 들어갈 수가 가장 큰 것을 찾아 기호를 쓰시오.

□ 안의 수를 각각 구하여 크기를 비교합니다.

> ㉠ 5+2=□ ㉡ 3+□=9
>
> ㉢ 6-3=□ ㉣ 8-□=4

(   )

05 종이를 접어 거북이를 만들었습니다. 시우는 예나보다 2개 더 많이 만들었고, 예나는 민서보다 3개 더 적게 만들었습니다. 민서가 만든 거북이가 6개일 때 시우가 만든 거북이는 몇 개입니까?

(예나가 만든 거북이의 수)
=(민서가 만든 거북이의 수)-3

(   )

06 ㉠, ㉡, ㉢, ㉣에 들어갈 수 중 가장 큰 수에서 가장 작은 수를 뺀 값은 얼마입니까?

(   )

맨 처음 수부터 적절한 순서로 모으기, 가르기를 해 봅니다.

07 사과나무에 사과가 8개 달려 있습니다. 2개를 따서 다은이에게 주고 남은 사과는 모두 따서 수아와 은호가 나누어 가지려고 합니다. 수아가 은호보다 더 적게 가지는 방법은 몇 가지입니까? (단, 수아와 은호는 사과를 적어도 한 개씩은 가집니다.)

다은이에게 주고 남은 사과의 수를 먼저 구합니다.

(   )

08 예준이는 계산 결과가 6이 되는 칸에 노란색을 칠하고, 채원이는 계산 결과가 4가 되는 칸에 파란색을 칠했습니다. 누가 색칠한 칸이 몇 칸 더 많은지 구하시오.

각 칸에 알맞은 수를 차례대로 구해 봅니다.

3+5	9-5	7-0	8-4
6-2	3+3	8-5	0+5
4+1	5+2	1+3	9-3

(   ), (   )

09 도진이는 사탕 5개를 가지고 있었습니다. 그중 3개를 먹고 친구에게 4개를 받았습니다. 도진이가 가지고 있는 사탕은 몇 개입니까?

먹고 남은 사탕 수를 먼저 구합니다.

(   )

10 과일 바구니에 배, 사과, 망고가 들어 있습니다. 배와 사과는 모두 6개이고, 사과와 망고는 모두 5개입니다. 배, 사과, 망고가 모두 8개일 때 배와 망고는 모두 몇 개입니까?

(   )

⚑ 두 개와 세 개를 합한 수를 이용해 나머지 한 개의 수를 구합니다.

11 교실에 학생 5명이 있었는데 여학생 3명이 더 들어와서 여학생 수와 남학생 수가 같아졌습니다. 여학생은 모두 몇 명입니까?

(   )

⚑ 전체 학생 수를 같은 인원 수로 가르기 해 봅니다.

서술형

12 다음 4장의 수 카드를 지유와 수호가 2장씩 나누어 가졌습니다. 지유가 가진 수 카드에 적힌 수의 합이 수호가 가진 수 카드에 적힌 수의 합보다 3만큼 작습니다. 지유가 가진 수 카드에 적힌 수의 차는 얼마인지 풀이 과정을 쓰고 답을 구하시오.

⚑ 지유가 가진 수 카드의 합이 작으므로 지유는 가장 큰 수 4와 5를 같이 가지고 있지 않습니다.

     3   4   1   5

▌**풀이**

▌**답**

3 덧셈과 뺄셈

13 지우개 8개를 민주, 재은, 승우가 나누어 가지려고 합니다. 세 명 모두 적어도 2개의 지우개를 가질 때 나누어 가질 수 있는 방법은 모두 몇 가지인지 구하시오.

( )

2보다 크거나 같은 세 수로 가르기 해 봅니다.

14 같은 모양은 같은 수를 나타냅니다. ▲와 ●에 알맞은 수를 각각 구하시오.

$$▲ + ● = 9, \quad ● - ▲ = 1$$

▲ ( ), ● ( )

두 수의 합이 9가 되는 경우를 먼저 찾습니다.

15 혜수와 지민이가 2개의 주사위를 각각 한 번씩 던졌습니다. 혜수가 던져서 나온 눈의 수가 3, 5이고, 지민이가 던져서 나온 눈의 수가 2, □입니다. 혜수가 던져서 나온 두 눈의 수의 합이 지민이가 던져서 나온 두 눈의 수의 합보다 클 때, □ 안에 들어갈 수 있는 눈의 수를 모두 구하시오.

( )

혜수가 던져서 나온 두 눈의 수의 합을 먼저 구합니다.

 **A** 최상위실력완성

창의 융합

01 |보기|는 일정한 규칙에 따라 수를 써넣은 것입니다. |보기|의 규칙에 따라 ㉠과 ㉡에 수를 써넣을 때 ㉡－㉠의 값을 구하시오.

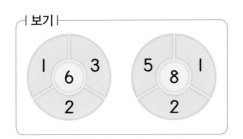

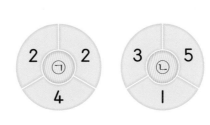

( )

02 수 카드 7장 중에서 2장을 골라 두 수의 차가 2인 뺄셈식을 만들려고 합니다. 만들 수 있는 뺄셈식은 모두 몇 개입니까?

2 9 7 3 5 0 8

( )

03 빵 8개가 두 접시에 나누어져 있습니다. 왼쪽 접시에 있던 빵 2개를 오른쪽 접시에 옮겼더니 두 접시에 있는 빵의 개수가 같아졌습니다. 처음 왼쪽 접시에 있던 빵은 몇 개입니까?

( )

3

덧셈과 뺄셈

A급 노트

04 6장의 수 카드 중에서 2장을 골라 두 수의 합을 구하려고 합니다. 합이 5보다 크고 9보다 작게 되도록 고르는 방법은 모두 몇 가지입니까? (단, 고른 카드의 순서만 바뀐 경우는 한 가지로 생각합니다.)

(   )

05 5장의 수 카드 중에서 2장을 골라 차가 두 번째로 큰 뺄셈식을 만들어 보시오.

7   5   4   8   2

(   )

06 약과 6개와 송편 9개를 민규와 건우가 나누어 가졌습니다. 약과는 민규가 건우보다 더 많이, 송편은 건우가 민규보다 더 많이 가졌습니다. 민규가 가진 약과와 송편의 수가 같을 때, 건우는 약과와 송편을 각각 몇 개 가지고 있습니까? (단, 두 사람 모두 약과와 송편을 적어도 한 개씩은 나누어 가졌습니다.)

약과 (   ), 송편 (   )

비교하기

4

이 단원에서
완성할 내용

4. 비교하기

핵심 개념

1 길이 비교하기

(1) 두 가지 물건의 길이 비교

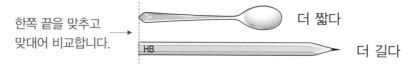

한쪽 끝을 맞추고 맞대어 비교합니다.

더 짧다

더 길다

┌ 숟가락은 연필보다 더 짧습니다.
└ 연필은 숟가락보다 더 깁니다.

(2) 세 가지 물건의 길이 비교

가장 짧다

가장 길다

┌ 빨간색 볼펜이 가장 짧습니다.
└ 파란색 볼펜이 가장 깁니다.

 • 키 비교하기

더 크다   더 작다

2 무게 비교하기

(1) 두 가지 물건의 무게 비교

┌ 사과는 멜론보다 더 가볍습니다.
└ 멜론은 사과보다 더 무겁습니다.

더 가볍다   더 무겁다

(2) 세 가지 물건의 무게 비교

┌ 풍선이 가장 가볍습니다.
└ 축구공이 가장 무겁습니다.

가장 무겁다   가장 가볍다

+ 개념

➕ 세 가지 또는 그보다 많은 물건을 비교할 때에는 '가장'이라는 표현을 사용하여 나타냅니다.

➕ 높이 비교하기

더 높다   더 낮다

➕ 두 물건의 무게를 비교할 때에는 손으로 들어 보거나 양팔 저울에 올려놓고 무게를 비교합니다.

➕ 무게는 크기 외에도 물건의 다양한 성질에 따라 다를 수 있기 때문에 크기가 크다고 항상 무거운 것은 아닙니다.

정답 및 풀이 16쪽

개념 1 길이 비교하기

01 가장 짧은 것에 ○표 하시오.

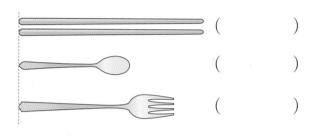

(　　　　)

(　　　　)

(　　　　)

개념 1 길이 비교하기

02 키가 가장 큰 사람은 누구입니까?

현서　　　　재민　　　　민규

(　　　　　　　　)

개념 1 길이 비교하기

03 가장 높은 것에 ○표, 가장 낮은 것에 △표 하시오.

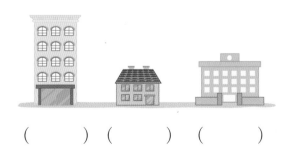

(　　　) (　　　) (　　　)

개념 2 무게 비교하기

04 시아와 윤성이 중 더 무거운 사람은 누구입니까?

시아　　　　　　　　윤성

(　　　　　　　　)

개념 2 무게 비교하기

05 관계있는 것끼리 이어 보시오.

더 가볍다　　　　　더 무겁다

개념 2 무게 비교하기

06 무거운 순서대로 1, 2, 3을 쓰시오.

휴대전화　　책이 든 가방　　책상

(　　　) (　　　) (　　　)

4
비교하기

3 넓이 비교하기

(1) 두 가지 물건의 넓이 비교

⌐ 공책은 수첩보다 더 넓습니다.
└ 수첩은 공책보다 더 좁습니다.

더 넓다　　　더 좁다

(2) 세 색종이의 넓이 비교

가　　　　나　　　　다

 ➡ 　　

가장 좁다　　　　가장 넓다

⌐ 가가 가장 좁습니다.
└ 다가 가장 넓습니다.

4 담을 수 있는 양 비교하기

(1) 두 그릇에 담을 수 있는 양 비교

가　　　　　　　나

더 많다　　　　　더 적다

⌐ 나는 가보다 담을 수 있는 양이 더 적습니다.
└ 가는 나보다 담을 수 있는 양이 더 많습니다.

(2) 세 그릇에 담을 수 있는 양 비교

가　　　　　나　　　　다

가장 적다　　　가장 많다

⌐ 나에 담을 수 있는 양이 가장 적습니다.
└ 다에 담을 수 있는 양이 가장 많습니다.

+ 개념

- 한 칸의 크기가 같으면 칸 수가 많을수록 더 넓습니다.
  예 가와 나의 넓이 비교

  가　　　나

  ➡ 가는 3칸이고, 나는 4칸이므로 나가 가보다 더 넓습니다.

- 모양과 크기가 같은 두 컵에 담긴 양 비교

  가　　　나

  ➡ 나에 담긴 양이 더 적습니다.
  가에 담긴 양이 더 많습니다.

개념 **3** 넓이 비교하기

07 넓은 것부터 차례로 기호를 쓰시오.

가   나   다

( )

개념 **3** 넓이 비교하기

08 다음 중 가장 넓은 것에 색칠해 보시오.

개념 **3** 넓이 비교하기

09 작은 한 칸의 크기가 모두 같을 때, ㉠과 ㉡ 중 더 넓은 것은 어느 것입니까?

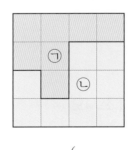

( )

개념 **4** 담을 수 있는 양 비교하기

10 담을 수 있는 양이 더 많은 것을 찾아 기호를 쓰시오.

가 나

( )

개념 **4** 담을 수 있는 양 비교하기

11 관계있는 것끼리 이어 보시오.

· ·

· ·

더 많습니다 더 적습니다

개념 **4** 담을 수 있는 양 비교하기

12 주스가 적게 담긴 것부터 차례로 기호를 쓰시오.

가 나 다

( )

STEP C 교과서유형완성

유형 1 **키 비교하기**

키가 큰 순서대로 이름을 쓰시오.

소윤　성민　유빈　민재

풀이 머리끝이 맞추어져 있으므로 발끝을 비교합니다. 키가 가장 큰 사람은 발끝이 땅에서 가장 가까운 사람이므로 ⬚이고, 키가 가장 작은 사람은 발끝이 땅에서 가장 먼 사람이므로 ⬚입니다. 따라서 키가 큰 순서대로 이름을 쓰면 ⬚, ⬚, ⬚, ⬚입니다.

▶ **쏙쏙원리**
한쪽 끝이 맞춰져 있을 때, 다른 쪽 끝을 비교해 봅니다.

답

1-1 너구리보다 키가 더 작은 동물은 모두 몇 마리입니까?

너구리　거북이　토끼　고릴라

(　　　　　　　)

1-2 예은, 한결, 민아 중에서 키가 가장 큰 사람은 누구인지 쓰시오.

> 예은이는 민아보다 키가 더 큽니다.
> 한결이는 민아보다 키가 더 작습니다.

(　　　　　　　)

유형2 **높이 비교하기**

모양과 크기가 똑같은 블록이 있습니다. 분홍색 블록은 위로 5개 쌓았고, 노란색 블록은 위로 9개 쌓았습니다. 어느 색으로 쌓은 블록의 높이가 더 높은지 쓰시오.

풀이 9는 ☐ 보다 크므로 쌓은 블록의 높이가 더 높은 것은 ☐색으로 쌓은 것입니다.

▶쏙쏙원리
쌓은 수가 많을수록 더 높습니다.

답

4
비교하기

2-1 오른쪽 건물에 편의점, 약국, 세탁소가 있습니다. 약국은 편의점보다 3층 더 높은 곳에 있을 때, 세 곳 중 가장 높은 층에 있는 곳을 쓰시오.

( )

6층 →
5층 →
4층 →
3층 → 세탁소
2층 →
1층 → 편의점

2-2 쌓기나무로 여러 가지 모양을 만들었습니다. 높게 쌓은 것부터 차례로 기호를 쓰시오.

가　　　나　　　다　　　라

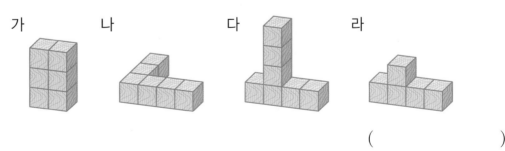

( )

유형 3 물건을 매달아 무게 비교하기

길이가 같은 고무줄을 이용하여 물건을 매달았습니다. 더 무거운 것을 찾아 쓰시오.

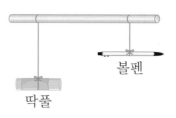

볼펜

딱풀

풀이 고무줄이 길게 늘어날수록 물건의 무게가 더 ☐ .

고무줄이 짧게 늘어난 것은 ☐ 이고, 길게 늘어난 것

은 ☐ 이므로 더 무거운 것은 ☐ 입니다.

▶ 쏙쏙원리
물건이 무거울수록 고무줄의 길이가 더 길게 늘어납니다.

답 _____

3-1 길이가 같은 고무줄을 이용하여 채소를 매달았습니다. 가장 가벼운 채소를 찾아 쓰시오.

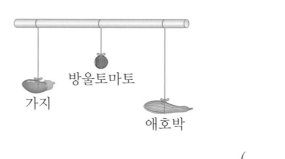

방울토마토

가지

애호박

(   )

3-2 파란색, 검정색, 주황색, 노란색 공을 똑같은 용수철에 매달았습니다. 가장 무거운 공과 가장 가벼운 공을 찾아 차례로 쓰시오.

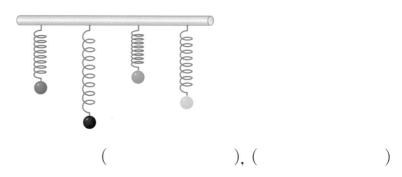

(   ), (   )

유형4 무게 비교하기

서연, 하민, 진우가 시소를 타고 있습니다. 가장 무거운 사람과 가장 가벼운 사람을 차례로 쓰시오.

서연 하민   진우 하민

풀이

서연이와 하민이 중에서 더 무거운 사람은 [ ]이고,

진우와 하민이 중에서 더 무거운 사람은 [ ]입니다.

무거운 사람부터 차례로 쓰면 [ ], 하민, [ ]이므로 가장 무거운 사람은 [ ]이고, 가장 가벼운 사람은 [ ]입니다.

▶ **쏙쏙원리**
시소는 무게가 무거운 쪽이 아래로 내려갑니다.

답

4-1 동물들이 시소를 타고 있습니다. 무거운 동물부터 차례로 쓰시오.

강아지 사슴   코알라 사슴   강아지 코알라

( )

4-2 ㉠, ㉡, ㉢, ㉣ 4개의 구슬 중에서 무게가 같은 것이 두 개 있습니다. 무게가 같은 구슬을 찾아 기호를 쓰시오.

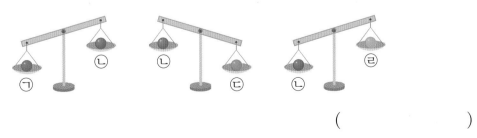

( )

유형 5 넓이 비교하기

작은 한 칸의 크기가 모두 같을 때, 가, 나, 다 중 가장 넓은 것을 찾아 기호를 쓰시오.

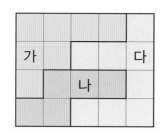

풀이 작은 한 칸의 크기가 모두 같으므로 칸 수를 세어 보면

가는 ☐칸, 나는 ☐칸, 다는 ☐칸입니다.

칸 수가 많을수록 더 넓으므로 가장 넓은 것은 ☐입니다.

▶ 쏙쏙원리
작은 한 칸의 크기가 같을 때는 칸 수가 많을수록 더 넓습니다.

답

5-1 작은 한 칸의 크기가 모두 같을 때, 가장 좁은 것을 찾아 기호를 쓰시오.

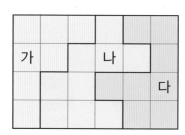

( )

5-2 파란색과 노란색 색종이를 점선을 따라 각각 자르려고 합니다. 잘랐을 때 생기는 조각 중 가장 넓은 조각은 무슨 색입니까?

( )

유형6 담을 수 있는 양 비교하기

왼쪽 냄비에 물을 가득 채우려고 합니다. 가와 나 두 컵에 물을 가득 담아 각각 부을 때, 붓는 횟수가 더 적은 컵은 어느 것인지 기호를 쓰시오.

 가 나

풀이 컵의 크기가 클수록 더 많이 담을 수 있으므로 물을 더 많이 담을 수 있는 컵은 ☐ 입니다.
물을 많이 담을 수 있는 컵일수록 붓는 횟수가 더 적으므로 붓는 횟수가 더 적은 컵은 ☐ 입니다.

▶ **쏙쏙원리**
그릇의 크기가 클수록 더 많이 담을 수 있습니다.

답

6-1 가 그릇에 물을 가득 담아 나 그릇에 부으면 넘칩니다. 가 그릇에 물을 가득 담아 다 그릇에 부으면 다 차지 않습니다. 가, 나, 다 세 그릇 중에서 담을 수 있는 물의 양이 가장 많은 그릇은 어느 것인지 기호를 쓰시오.

( )

6-2 똑같은 컵으로 주전자, 항아리, 양동이에 가득 들어 있는 물을 모두 퍼냈습니다. 퍼낸 횟수가 다음과 같을 때, 물을 가장 많이 담을 수 있는 것은 어느 것인지 쓰시오. (단, 한 번에 퍼낸 물의 양은 같습니다.)

그릇	주전자	항아리	양동이
퍼낸 횟수	3회	6회	4회

( )

4

비
교
하
기

STEP B 종합응용력완성

01 네 사람의 키를 비교해 보았습니다. 세 번째로 키가 큰 사람은 누구입니까?

아래쪽 끝이 맞추어져 있으므로 위쪽 끝을 비교합니다.

도훈 주안

연서 도훈

민채 주안

( )

02 긴 꽃부터 차례로 기호를 쓰시오.

칸 수로 길이를 비교해 봅니다.

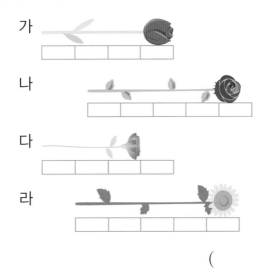

가

나

다

라

( )

03 동현, 은채, 선우는 같은 아파트에 살고 있습니다. 동현이는 5층에 살고, 은채는 동현이보다 3층 더 높은 곳에, 선우는 은채보다 4층 더 낮은 곳에 삽니다. 가장 낮은 층에 사는 사람은 누구입니까?

각자 사는 층수를 구해 봅니다.

( )

04 다음 4개의 베이글 중 가장 무거운 베이글을 찾아 기호를 쓰려고 합니다. 풀이 과정을 쓰고 답을 구하시오.

양팔 저울은 아래로 내려간 쪽이 더 무겁습니다.

 풀이 _____

_____

_____

답 _____

05 길이가 같은 나무토막 여섯 개를 호수 바닥에 닿도록 세워 놓았습니다. 호수의 깊이가 가장 깊은 곳의 기호를 쓰시오.

나무토막이 호수 위로 길게 올라올수록 깊이가 얕습니다.

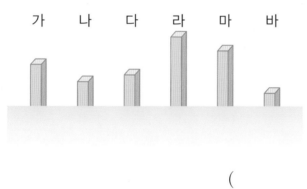

(   )

06 굵기가 다른 막대에 다음과 같이 끈을 감았습니다. 사용한 끈의 길이가 긴 순서대로 기호를 쓰시오.

모양이 두꺼울수록 한 번 감을 때, 끈이 더 길게 감깁니다.

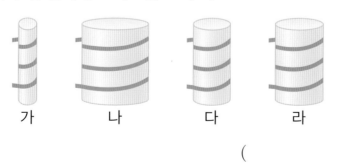

(   )

4 비교하기

07 주말농장에 깻잎, 오이, 토마토, 호박을 심었습니다. 가장 넓은 곳에 심은 것은 무엇입니까?

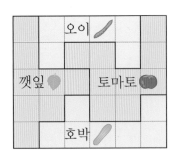

각각 심은 칸의 수를 세어 봅니다.

(   )

08 네 개의 사탕수수 중에서 길이가 같은 것이 2개 있습니다. 같은 길이의 사탕수수를 찾아 기호를 쓰시오.

길이를 비교할 수 없는 두 사탕수수를 찾아 봅니다.

(   )

09 물을 많이 담을 수 있는 컵부터 차례로 기호를 쓰시오.

- 가 컵에 물을 가득 담아 나 컵에 전부 부어도 나 컵은 가득 차지 않습니다.
- 다 컵에 물을 가득 담아 가 컵에 전부 부으면 물이 넘칩니다.
- 다 컵에 물을 가득 담아 나 컵에 전부 부으면 물이 넘칩니다

(   )

10 다음 설명을 보고 가장 무거운 과일과 가장 가벼운 과일을 차례로 쓰시오.

> • 귤은 사과보다 더 가볍습니다.
> • 파인애플은 사과보다 더 무겁습니다.
> • 멜론은 파인애플보다 더 무겁습니다.

(   ), (   )

⚑ 두 개씩 무게를 비교하여 무거운 과일부터 써 봅니다.

4

비교하기

11 장갑, 모자, 가방 중에서 한 개의 무게가 가장 무거운 것은 무엇입니까? (단, 같은 물건은 무게가 같습니다.)

> • 장갑 3개의 무게는 모자 1개의 무게와 같습니다.
> • 가방 2개의 무게는 모자 3개의 무게와 같습니다.

(   )

⚑ 같은 무게일 때 개수가 적을수록 한 개의 무게가 더 무겁습니다.

12 수첩 8권을 쌓은 높이는 연습장 4권을 쌓은 높이와 같습니다. 수첩 5권을 쌓은 높이와 연습장 3권을 쌓은 높이 중 어느 쪽이 더 높은지 구하시오. (단, 같은 물건은 높이가 같습니다.)

(   )

⚑ 연습장 1권의 높이는 수첩 몇 권을 쌓은 높이와 같은지 생각해 봅니다.

서술형

13 예은, 하준, 선우, 세아가 컵에 물을 가득 채운 후 마시고 남은 물의 양입니다. 물을 세 번째로 적게 마신 사람은 누구인지 풀이 과정을 쓰고 답을 구하시오.

🚩 컵의 크기와 물의 높이를 비교해 봅니다.

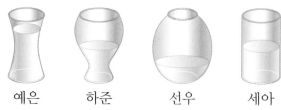

예은   하준   선우   세아

▶ **풀이**

▶ **답**

14 가, 나, 다 중에서 색칠한 부분이 가장 넓은 것의 기호를 쓰시오.

🚩 나와 같은 모양으로 나누어지도록 가와 다를 나누어 봅니다.

가   나   다

(   )

15 무게가 다음과 같은 네 개의 블록이 있습니다. 케이크의 무게는 공 **8**개의 무게와 같다고 할 때, 저울에 놓여 있는 빈 블록을 알맞게 색칠하시오.

빈 블록 3개의 무게가 공 몇 개의 무게와 같은지 구해 봅니다.

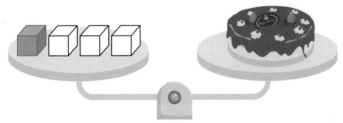

16 물이 들어 있는 비커에 순서대로 구슬을 넣었더니 |**보기**|와 같이 물의 높이가 높아졌습니다. 크기가 같은 세 비커 중 가와 나에 구슬을 넣었더니 물의 높이가 모두 같아졌습니다. 물이 적게 들어 있는 비커부터 차례로 기호를 쓰시오.

구슬을 넣으면 물의 높이가 몇 칸 올라가는지 구해 봅니다.

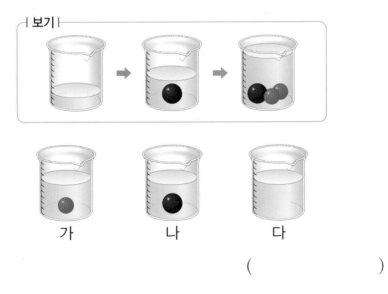

(   )

4

비교하기

STEP A 최상위실력완성

창의 융합

01 다음은 여섯 나라의 넓이를 비교한 것입니다. 넓이가 넓은 나라부터 차례로 쓰시오.

> • 캐나다는 미국보다 더 넓습니다.
> • 호주는 여섯 나라 중 가장 좁습니다.
> • 브라질은 중국보다 더 좁습니다.
> • 러시아는 캐나다보다 더 넓습니다.
> • 여섯 나라 중 네 번째로 넓은 나라는 중국입니다.

캐나다   호주   미국   러시아   브라질   중국

(   )

02 구슬을 양팔 저울에 올려놓으면 다음과 같이 기울어집니다.

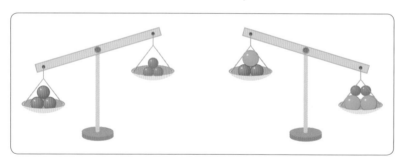

다음 그림 중 더 무거운 쪽의 기호를 쓰시오.

가   나

(   )

03 ㉮에서 ㉯까지 가는 길 중 가장 짧은 길은 모두 몇 가지인지 구하시오.(단, □의 길이는 모두 같습니다.)

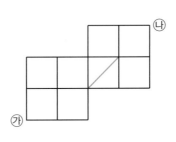

(   )

04 색이 칠해진 투명판 2개를 고른 후, |**보기**|와 같이 완전히 포개지도록 겹쳤을 때, 색칠된 부분의 넓이가 가장 넓은 것은 어느 것인지 기호를 쓰시오. (단, 투명판은 돌리거나 뒤집지 않습니다.)

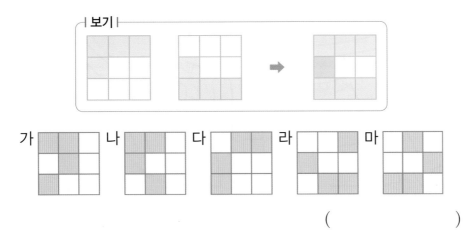

(   )

50까지의 수

5

이 단원에서
완성할 내용

5. 50까지의 수

1 10 알아보기

(1) 9보다 1 큰 수를 10이라 쓰고, 십 또는 열이라고 읽습니다.

➡ 쓰기 10   읽기 십, 열

(2) 10 모으기와 가르기

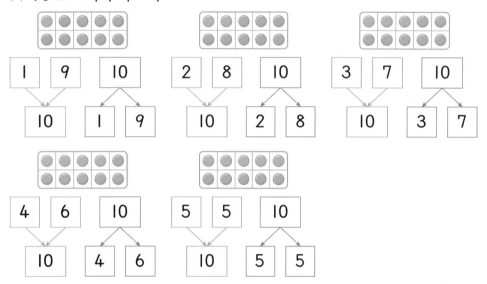

+ 개념

❶ 10 ┌ 9보다 1만큼 더 큰 수
     ├ 8보다 2만큼 더 큰 수
     └ 7보다 3만큼 더 큰 수

2 십몇 알아보기

11	십일, 열하나	12	십이, 열둘	13	십삼, 열셋
14	십사, 열넷	15	십오, 열다섯	16	십육, 열여섯
17	십칠, 열일곱	18	십팔, 열여덟	19	십구, 열아홉

❷ 십몇: 10개씩 묶음 1개와 낱개 ▲개 ➡ 1▲

3 19까지의 수 모으기와 가르기

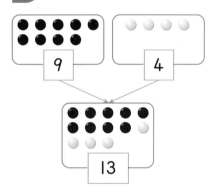

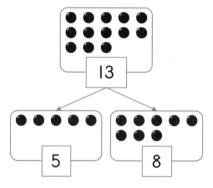

9 다음 수부터 4개의 수를 이어 세면 10, 11, 12, 13이므로 9와 4를 모으면 13이 됩니다.

13부터 5만큼 거꾸로 세면 12, 11, 10, 9, 8이므로 13은 5와 8로 가를 수 있습니다.

❸ 이어 세기와 거꾸로 세기로 모으기와 가르기를 합니다.

개념 1 10 알아보기

01 10이 되도록 ○를 그리고, □ 안에 알맞은 수를 써넣으시오.

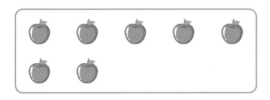

7과 □ 을 모으면 10이 됩니다.

개념 1 10 알아보기

02 나타내는 수가 <u>다른</u> 하나는 어느 것입니까?
( )

① 열
② 9보다 1만큼 더 큰 수
③ 5보다 4만큼 더 큰 수
④ 8보다 2만큼 더 큰 수
⑤ 7보다 3만큼 더 큰 수

개념 2 십몇 알아보기

03 야구공을 10개씩 묶고, 수로 나타내어 보시오.

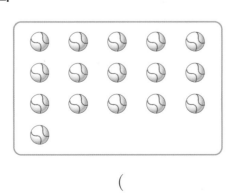

( )

개념 2 십몇 알아보기

04 관계있는 것끼리 선으로 이으시오.

개념 3 19까지의 수 모으기와 가르기

05 모으기 또는 가르기를 하여 빈칸에 알맞은 수를 써넣으시오.

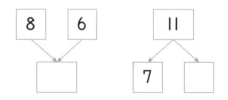

개념 3 19까지의 수 모으기와 가르기

06 만두 12개를 두 접시에 나누어 담았습니다. 오른쪽 접시에 알맞은 수만큼 ○를 그려 넣으시오.

4 50까지의 수

(1) 몇십 알아보기

10개씩 묶음 2개	20	이십, 스물
10개씩 묶음 3개	30	삼십, 서른
10개씩 묶음 4개	40	사십, 마흔
10개씩 묶음 5개	50	오십, 쉰

(2) 몇십몇 알아보기

10개씩 묶음	낱개
2	5

➡ **쓰기** 25 **읽기** 이십오, 스물다섯

10개씩 묶음	낱개
4	8

➡ **쓰기** 48 **읽기** 사십팔, 마흔여덟

5 수의 순서 알아보기

──▶ 1씩 커집니다.　　　　　　　　　↓10씩 커집니다.

1	2	3	4	5	6	7	8	9	10
11	12	13	14	15	16	17	18	19	20
21	22	23	24	25	26	27	28	29	30
31	32	33	34	35	36	37	38	39	40
41	42	43	44	45	46	47	48	49	50

6 수의 크기 비교

(1) 10개씩 묶음의 수가 다른 경우

┌ 29는 35보다 작습니다.　➡ 10개씩 묶음이 많을수록
└ 35는 29보다 큽니다.　　　　더 큰 수입니다.

(2) 10개씩 묶음의 수가 같은 경우

┌ 41은 46보다 작습니다.　➡ 10개씩 묶음의 수가 같으면 낱개가
└ 46은 41보다 큽니다.　　　　많을수록 더 큰 수입니다.

+ 개념

➕ ■0 ➡ 10개씩 묶음 ■개

➕ 10개씩 묶음 ■개와 낱개 ▲개인 수
➡ ■▲

➕ ■와 ▲ 사이에 있는 수
➡ ■와 ▲는 포함되지 않습니다.
예 32와 34 사이에 있는 수
㉜ 33 ㉞
➡ 32와 34 사이에 있는 수는 33입니다.

개념 4 50까지의 수

07 사탕이 10개씩 3봉지 있습니다. 사탕은 모두 몇 개입니까?

( )

개념 4 50까지의 수

08 나타내는 수가 나머지와 <u>다른</u> 하나를 찾아 기호를 쓰시오.

> ㉠ 서른일곱　　㉡ 37
> ㉢ 서른여섯　　㉣ 삼십칠

( )

개념 5 수의 순서 알아보기

09 순서를 생각하여 ㉠에 알맞은 수를 쓰시오.

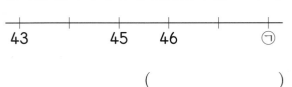

( )

개념 5 수의 순서 알아보기

10 수아네 반 신발장에 번호가 순서대로 적혀 있습니다. 24번과 27번 사이에 있는 신발장의 번호를 모두 쓰시오.

( )

개념 6 수의 크기 비교

11 주어진 수보다 큰 수에 모두 ○표 하시오.

29　　(17 , 23 , 31 , 36)

개념 6 수의 크기 비교

12 가장 작은 수를 말하고 있는 사람은 누구입니까?

> 도윤: 34와 36 사이의 수
> 예림: 42보다 1만큼 더 작은 수
> 선우: 32보다 1만큼 더 큰 수

( )

STEP C 교과서유형완성

유형1 몇십몇 알아보기

다음이 나타내는 수는 얼마인지 구하시오.

> 10개씩 묶음 3개와 낱개 11개인 수

풀이 낱개 11개는 10개씩 묶음 ☐개와 낱개 ☐개와 같습니다. 10개씩 묶음 3개와 낱개 11개는 10개씩 묶음 3+☐=☐(개)와 낱개 ☐개와 같으므로 ☐입니다.

▶쏙쏙원리
10개씩 묶음 ■개와 낱개 ▲●개인 수는 10개씩 묶음 (■+▲)개와 낱개 ●개인 수와 같습니다.

답

1-1 ☐ 안에 알맞은 수를 구하시오.

> 10개씩 묶음 1개와 낱개 28개인 수는 ☐입니다.

( )

1-2 다음 수보다 1만큼 더 큰 수를 구하시오.

> 10개씩 묶음 2개와 낱개 14개인 수

( )

1-3 공책이 10권씩 묶음 4개와 낱개 7권이 있습니다. 이 중에서 10권씩 묶음 2개와 낱개 3권을 사용했다면 남은 공책은 몇 권입니까?

( )

유형2 **모으기와 가르기의 활용**

지민이와 윤서가 쿠기 12개를 나누어 가지려고 합니다. 지민이가 더 많이 가지게 되는 경우는 모두 몇 가지입니까? (단, 지민이와 윤서는 쿠키를 적어도 한 개씩은 가집니다.)

풀이 12개를 두 수로 가를 수 있는 경우를 모두 알아봅니다.

▶쏙쏙원리
두 수로 가르기 할 수 있는 모든 경우를 생각합니다.

12	1	2	3	4	5	6	7	8	9	10	11
	11	10	9	8	7	6	5	4	3	2	1

지민이가 더 많이 가지게 되는 경우를 (지민, 윤서)로 나타내면 (7, 5), (8, ☐), (9, ☐), (10, ☐), (11, 1)이므로 모두 ☐ 가지입니다.

답

2-1 숟가락과 포크가 11개 있습니다. 숟가락이 더 적은 경우는 모두 몇 가지입니까? (단, 숟가락과 포크는 적어도 한 개씩 있습니다.)

(   )

2-2 두 주머니에 사탕 9개와 7개가 들어 있습니다. 두 주머니에 든 사탕을 수아와 민준이가 똑같이 나누어 가지려고 합니다. 한 사람이 가질 수 있는 사탕은 몇 개입니까?

(   )

5
50까지의 수

유형 3 □ 안에 들어갈 수 있는 수 구하기

0부터 9까지의 수 중에서 ■에 들어갈 수 있는 수를 모두 구하시오.

3■는 37보다 큽니다.

풀이 10개씩 묶음의 수가 3으로 같으므로 낱개의 수를 비교하면 ■는 7보다 큽니다. 0부터 9까지의 수 중에서 7보다 큰 수는 □, □이므로 ■에 들어갈 수 있는 수는 □, □입니다.

▶쏙쏙원리
10개씩 묶음의 수가 같으므로 낱개의 수를 비교합니다.

답

3-1 0부터 9까지의 수 중에서 □ 안에 들어갈 수 있는 수를 모두 구하시오.

46은 4□보다 작습니다.

( )

3-2 0부터 9까지의 수 중에서 □ 안에 들어갈 수 있는 수는 모두 몇 개입니까?

2□는 25보다 작습니다.

( )

유형 4 설명하는 수 구하기

다음에서 설명하는 수를 구하시오.

> • 18과 25 사이의 수입니다.
> • 낱개의 수가 3입니다.

풀이 18과 25 사이의 수는

19, 20, 21, ☐, ☐, ☐ 입니다.

이 중에서 낱개의 수가 3인 수는 ☐ 입니다.

▶ **쏙쏙원리**
낱개의 수가 6인 몇십몇은 ■6입니다.

답

4-1 다음에서 설명하는 수를 모두 구하시오.

> • 20과 43 사이의 수입니다.
> • 낱개의 수가 2입니다.

(   )

4-2 다음에서 설명하는 수를 모두 구하시오.

> • 10과 40 사이의 수입니다.
> • 10개씩 묶음의 수와 낱개의 수가 같습니다.

(   )

4-3 다음에서 설명하는 수를 모두 구하시오.

> • 32보다 크고 47보다 작은 수입니다.
> • 10개씩 묶음의 수가 낱개의 수보다 큽니다.

(   )

유형 5 **수 카드로 몇십몇 만들기**

수 카드 4장 중에서 2장을 골라 한 번씩만 사용하여 몇십몇을 만들려고 합니다. 만들 수 있는 수 중에서 가장 큰 수를 구하시오.

$\boxed{1}$ $\boxed{0}$ $\boxed{4}$ $\boxed{3}$

풀이 수 카드의 수를 큰 수부터 차례로 쓰면 4, $\boxed{}$, $\boxed{}$, $\boxed{}$ 이므로 가장 큰 수는 4이고, 둘째로 큰 수는 $\boxed{}$ 입니다. 만들 수 있는 수 중에서 가장 큰 수는 $\boxed{}$ 입니다.

▶ 쏙쏙원리
가장 큰 몇십몇은 가장 큰 수를 10개씩 묶음의 수에, 두 번째로 큰 수를 낱개의 수에 놓아 만듭니다.

답
....

5-1 수 카드 4장 중에서 2장을 골라 한 번씩만 사용하여 몇십몇을 만들려고 합니다. 만들 수 있는 수 중에서 가장 작은 수를 구하시오.

$\boxed{2}$ $\boxed{6}$ $\boxed{3}$ $\boxed{8}$

(   )

5-2 수 카드 4장 중에서 2장을 골라 한 번씩만 사용하여 몇십몇을 만들려고 합니다. 만들 수 있는 수 중에서 40보다 작은 수를 모두 구하시오.

$\boxed{2}$ $\boxed{0}$ $\boxed{4}$ $\boxed{3}$

(   )

유형6 수 배열표에서 규칙을 찾아 문제 해결하기

수 배열표에서 규칙을 찾아 색칠한 부분에 알맞은 수를 두 가지 방법으로 읽어 보시오.

5	6		8	㉠	11
	13	14			
	20			24	25

풀이

오른쪽으로 한 칸 갈 때마다 ☐씩 커지는 규칙이므로 ㉠에 알맞은 수는 ☐입니다. 아래쪽으로 한 칸 갈 때마다 ☐씩 커지는 규칙이므로 색칠한 부분에 알맞은 수는 ☐입니다. 따라서 ☐은 ☐, ☐이라 읽습니다.

▶ **쏙쏙원리**
오른쪽으로 한 칸 갈 때, 아래쪽으로 한 칸 갈 때 얼마씩 커지는지 알아봅니다.

답

5
5 0 까 지 의 수

6-1 수 배열표에서 규칙을 찾아 ■, ●에 알맞은 수를 구하시오.

19	20	21		24
25		■		
			●	36

■ (   ), ● (   )

6-2 수 배열표의 일부가 찢어진 것입니다. 규칙을 찾아 ㉠에 알맞은 수를 구하시오.

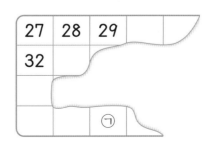

(   )

유형7 수의 크기 비교의 활용

효은이의 집에는 달걀이 10개씩 묶음 3개와 낱개 2개가 있고, 시연이의 집에는 달걀이 37개가 있습니다. 효은이와 시연이 중 어느 집의 달걀이 더 많습니까?

풀이 10개씩 묶음 3개와 낱개 2개인 수는 ☐이므로 효은이의 집에는 달걀이 ☐개 있습니다.

10개씩 묶음의 수를 비교하면 같으므로 낱개의 수를 비교해 봅니다. 낱개의 수는 ☐가 37보다 작으므로

달걀이 많은 집은 ☐입니다.

▶쏙쏙원리
효은이의 집에 있는 달걀의 수를 먼저 몇십몇으로 나타냅니다.

답 _____

7-1 색종이를 윤주는 45장 가지고 있고, 세호는 10장씩 묶음 3개와 낱장 9장을 가지고 있습니다. 누가 색종이를 더 많이 가지고 있습니까?

(   )

7-2 승주와 태호 중에서 조개를 더 적게 캔 사람은 누구입니까?

나는 조개를 20개씩 묶음 1개와 낱개 7개를 캤어.
승주

나는 조개를 20개씩 묶음 1개와 낱개 5개를 캤어.
태호

(   )

STEP B 종합응용력완성

01 정우네 집에는 방울토마토를 키우는 화분이 두 개 있습니다. 흰색 화분에는 10개씩 묶음 1개와 낱개 6개가, 갈색 화분에는 18개의 방울토마토가 열렸습니다. 어느 색 화분에 방울토마토가 더 많이 열렸습니까?

10개씩 묶음과 낱개의 수를 더하여 전체 개수를 구해 봅니다.

(   )

02 민성이가 자신이 모은 스티커의 장수를 설명한 것입니다. 민성이가 모은 스티커는 몇 장입니까?

■와 ▲ 사이의 수에 ■, ▲는 포함되지 않습니다.

내가 모은 스티커의 장수는 10개씩 묶음의 수가 낱개의 수보다 작아.

28과 34 사이의 수야.

(   )

03 예나와 시후가 다음 간식 중에서 한 가지를 골라 나누어 먹으려고 합니다. 두 사람이 똑같이 나누어 먹을 수 있는 간식을 찾아 쓰시오. (단, 1개를 반으로 쪼갤 수는 없습니다.)

똑같은 수로 가를 수 있는 수를 찾습니다.

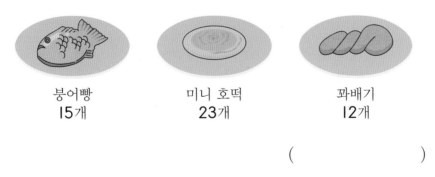

붕어빵
15개

미니 호떡
23개

꽈배기
12개

(   )

5

5 0 까 지 의 수

서술형

04 수 카드 `1`, `2`, `3`, `4` 중에서 2장을 뽑아 한 번씩만 사용하여 몇십몇을 만들려고 합니다. 만들 수 있는 수 중에서 20에 가장 가까운 수를 풀이 과정을 쓰고 답을 구하시오.

⚑ 10개씩 묶음이 1개 또는 2개인 수를 구해 봅니다.

┃ 풀이

┃ 답

05 구슬 43개를 한 줄에 10개씩 끼워 팔찌를 만들려고 합니다. 구슬이 적어도 몇 개 더 있으면 팔찌 5개를 만들 수 있는지 구하시오.

⚑ 43개는 10개씩 묶음 몇 개와 낱개 몇 개인지 생각해 봅니다.

(   )

06 하윤이네 반 학생 30명이 한 줄로 서 있습니다. 하윤이는 앞에서 열여섯 번째이고 서준이는 뒤에서 아홉 번째에 서 있습니다. 하윤이와 서준이 사이에는 몇 명이 서 있습니까?

⚑ 열여섯 ➡ 16, 아홉 ➡ 9

(   )

07 유준이는 딱지를 10장씩 묶음 4개와 낱개 5장을 가지고 있습니다. 그 중 딱지치기에서 13장을 잃었다면 유준이에게 남은 딱지는 몇 장입니까?

( )

갖고 있던 딱지의 장수에서 잃은 딱지의 장수를 덜어내 봅니다.

08 예은이는 위인전을 읽고 있습니다. 32쪽 다음에 몇 장이 찢어져 있어서 바로 45쪽으로 넘어갔습니다. 위인전은 몇 장이 찢어졌습니까?

( )

한 장은 두 쪽입니다.

5

5 0 까 지 의 수

09 수 배열표에서 ㉠에 알맞은 수는 ㉡에 알맞은 수보다 얼마만큼 더 작은 수입니까?

( )

15		23		31
	㉠			
17			28	㉡
	19		27	

수 배열표의 규칙을 찾아 봅니다.

10 수수깡을 연우는 10개씩 묶음 3개와 낱개 6개를 가지고 있고 승현이는 32개를 가지고 있습니다. 연우와 승현이가 가진 수수깡의 수가 서로 같아지려면 연우가 승현이에게 몇 개 주어야 합니까?

( )

11 바구니에 포도 맛 사탕과 딸기 맛 사탕이 들어 있습니다. 포도 맛 사탕은 딸기 맛 사탕보다 2개 더 많고, 포도 맛 사탕과 딸기 맛 사탕은 모두 16개입니다. 포도 맛 사탕은 몇 개입니까?

가르기를 이용합니다.

( )

12 화살표가 가리키는 방향의 수가 더 큰 수가 되도록 다음 수들을 □ 안에 알맞게 써넣으시오.

수의 크기를 비교하여 가장 큰 수부터 차례로 넣어 봅니다.

| 28 39 11 7 20 16 35 42 |

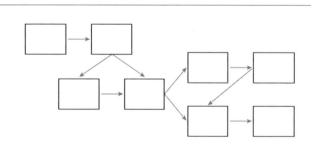

13 선우, 지혜, 명호 세 사람이 다 함께 도서관에 갈 수 있는 날짜를 모두 구하려고 합니다. 풀이 과정을 쓰고 답을 구하시오.

> • 선우: 나는 15일부터 21일까지 갈 수 있어.
> • 지혜: 나는 12일부터 25일까지 갈 수 있어.
> • 명호: 나는 17일부터 22일까지 갈 수 있어.

▌풀이

▌답

🚩 각자 갈 수 있는 날을 구해 봅니다.

14 ㉠과 ㉡ 사이에 있는 수는 7개이고, ㉡과 41 사이에 있는 수는 5개입니다. ㉠은 15보다 몇 큰 수입니까? (단, ㉠은 ㉡보다 작은 수이고, ㉡은 41보다 작은 수입니다.)

(   )

🚩 ㉡, ㉠을 차례대로 구해 봅니다.

15 다음은 어느 해 3월의 달력입니다. 달력에 색칠된 부분의 규칙을 찾아 나머지 부분에도 색칠하시오.

🚩 색칠된 부분의 숫자가 몇씩 커지는지 찾아 봅니다.

3월

일	월	화	수	목	금	토
			1	2	3	4
5	6	7	8	9	10	11
12	13	14	15	16	17	18
19	20	21	22	23	24	25
26	27	28	29	30	31	

01 수 카드 [0], [1], [2], [3] 중에서 2장을 뽑아 한 번씩만 사용하여 몇십몇을 만들려고 합니다. 만들 수 있는 수 중에서 27에 가장 가까운 수를 구하시오.

(   )

02 다은, 지성, 태윤, 규리, 아영 5명의 학생들이 제기차기에 성공한 개수를 나타낸 표입니다. 다은이가 제기차기를 두 번째로 많이 성공했고 태윤이가 가장 적게 성공했습니다. ■에 알맞은 수를 구하시오. (단, ■는 같은 숫자입니다.)

다은	지성	태윤	규리	아영
33	36	27	3■	■9

(   )

03 소은이가 가진 수 카드 중에서 하나를 뽑아 몇십으로 나타내고, 윤서가 가진 수 카드 중에서 하나를 뽑아 몇으로 나타내어 몇십몇을 만들려고 합니다. 만들 수 있는 수 중에서 여덟 번째로 큰 수를 구하시오.

소은
[1] [3] [4] [6]

윤서
[0] [2] [5] [7] [9]

(   )

04 다음 조건을 만족하는 수를 구하시오.

> • 6, 12, 18, 24……와 같은 규칙으로 나열한 수 중 하나입니다.
>
> • 45, 36, 27, 18……과 같은 규칙으로 나열한 수 중 하나입니다.
>
> • 15보다 크고 35보다 작은 수입니다.

(   )

05 모형 48개로 다음과 같은 모양을 몇 개 만들 수 있는지 구하시오.

(   )

06 하늘색 타일 1개, 보라색 타일 1개, 흰색 타일 여러 개를 한 줄로 붙이려고 합니다. 왼쪽에서 12번째에는 하늘색 타일, 오른쪽에서 8번째에는 보라색 타일을 붙이고 하늘색과 보라색 타일 사이에 흰색 타일 4개를 붙이려고 할 때, 많이 붙일 때와 적게 붙일 때의 흰색 타일의 수를 차례로 구하시오.

(   ), (   )

MEMO

MEMO

MEMO

바다를 보면 바다를 닮고
나무를 보면 나무를 닮고
모두 자신이 바라보는 걸 닮아갑니다.
우리는 지금 어디를 보고 있나요?

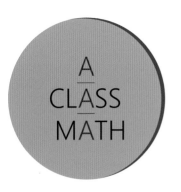

A
CLASS
MATH

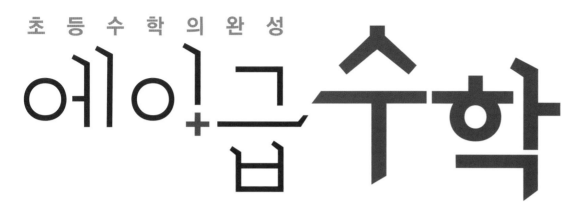

에이급수학

초등수학의완성

A-classMath
상위권의지름길

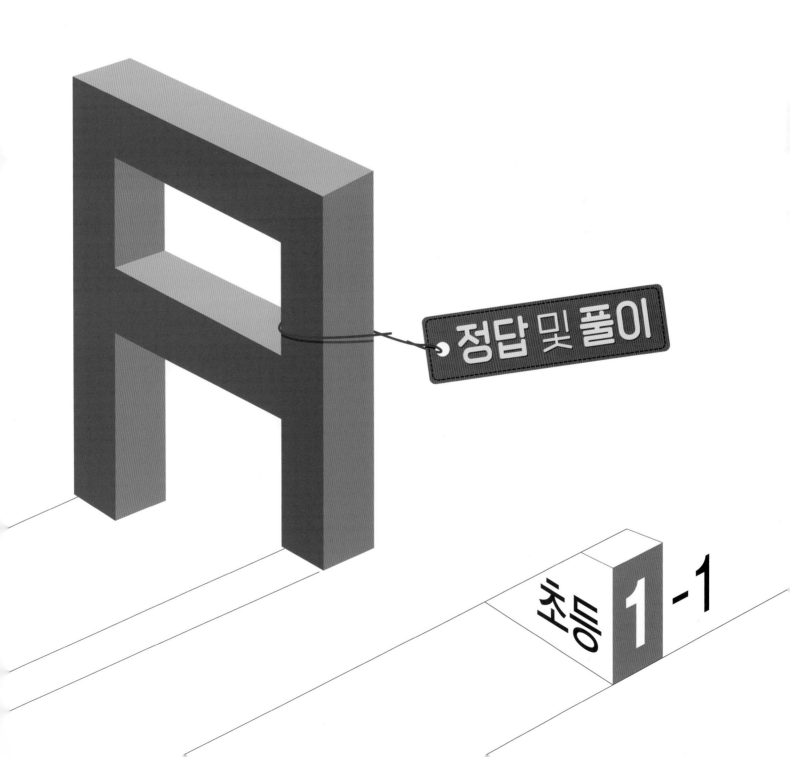

정답 및 풀이

초등 1-1

차례

1. 9까지의 수

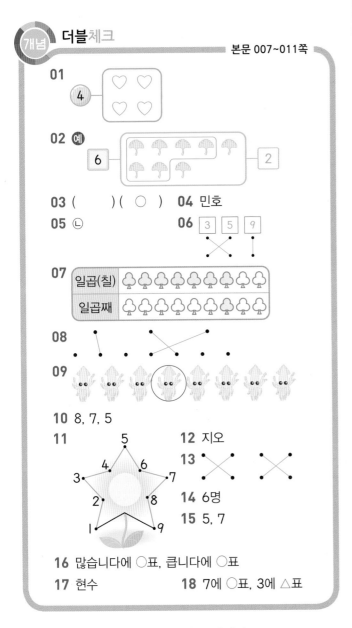

04 시간을 나타내는 수는 하나, 둘, 셋, 넷, 다섯 ……
으로 읽습니다. 따라서 5시는 다섯 시로 읽습니다.

답 민호

05 ㉠의 사탕의 수를 세어 보면 여섯이므로 6이고 6
은 여섯 또는 육이라고 읽습니다.
모두 수로 나타내어 보면 ㉠ 6, ㉡ 8, ㉢ 6, ㉣ 6입
니다.

답 ㉡

06 잠자리의 수를 세어 보면 3이므로 셋입니다.
무당벌레의 수를 세어 보면 5이므로 다섯입니다.
개미의 수를 세어 보면 9이므로 아홉입니다.

답

07 일곱은 개수를 나타내므로 7개를 색칠하고, 일곱
째는 순서를 나타내므로 일곱째에 있는 1개에만
색칠합니다.

답

08 왼쪽에서부터 둘째, 다섯째, 넷째를 찾아 선으로
잇습니다.

답

09

여덟째 일곱째 여섯째 다섯째 넷째 셋째 둘째 첫째

답

10 순서를 거꾸로 하여 9부터 수를 씁니다.

➡ 9 − 8 − 7 − 6 − 5

답 8, 7, 5

11 1, 2, 3, 4, 5, 6, 7, 8, 9의 순서대로 잇습니다.

답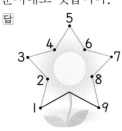

---

01 4는 넷이므로 ♡를 네 개 그립니다.

답

02 6이므로 여섯만큼 묶고, 묶지 않은 것을 세어 보면
둘이므로 2를 씁니다.

답 예

03 왼쪽 사과의 수를 세어 보면 7입니다.
오른쪽 사과의 수를 세어 보면 8입니다.

답 (　　)(○)

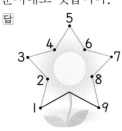

12 3부터 순서대로 수를 쓰면 3─4─5─6─7입니다. 따라서 수를 순서에 맞게 나열한 사람은 지오입니다.

답 지오

13 위의 케이크에 초가 없으므로 0이고, 영이라고 읽습니다.
아래의 케이크에 초가 3개 있으므로 3이고, 삼 또는 셋이라고 읽습니다.

답 

14 7보다 1만큼 더 작은 수는 6입니다.
따라서 승객은 모두 6명이 됩니다.

답 6명

15 공룡의 수를 세어 보면 6입니다. 6보다 1만큼 더 작은 수는 5이고, 6보다 1만큼 더 큰 수는 7입니다.

답 5, 7

16 • 올챙이(8마리)는 개구리(5마리)보다 많습니다.
• 8은 5보다 큽니다.

답 많습니다에 ○표, 큽니다에 ○표

17 9가 5보다 크므로 현수가 사탕을 더 많이 가지고 있습니다.

답 현수

18 주어진 수를 작은 수부터 순서대로 쓰면 3, 5, 6, 7이므로 가장 앞에 있는 3이 가장 작은 수이고, 가장 뒤에 있는 7이 가장 큰 수입니다.

답 7에 ○표, 3에 △표

충분히 잘하고 있어요.
그리고 잘 자라고 있어요.
오늘도 잘한다.
오늘도 자란다.

STEP C 교과서유형완성 〉 본문 012~018쪽

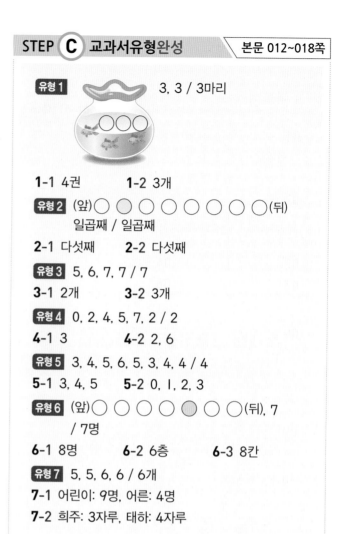

유형1   3, 3 / 3마리

1-1 4권   **1-2** 3개
유형2 (앞)○ ● ○ ○ ○ ○ ○ (뒤)
일곱째 / 일곱째
2-1 다섯째   **2-2** 다섯째
유형3 5, 6, 7, 7 / 7
3-1 2개   **3-2** 3개
유형4 0, 2, 4, 5, 7, 2 / 2
4-1 3   **4-2** 2, 6
유형5 3, 4, 5, 6, 5, 3, 4, 4 / 4
5-1 3, 4, 5   **5-2** 0, 1, 2, 3
유형6 (앞)○ ○ ○ ○ ● ○ ○ (뒤), 7
/ 7명
6-1 8명   **6-2** 6층   **6-3** 8칸
유형7 5, 5, 6, 6 / 6개
7-1 어린이: 9명, 어른: 4명
7-2 희주: 3자루, 태하: 4자루

1-1 책이 9권이 되도록 그려 봅니다.
● ● ● ● ● ○ ○ ○ ○
5개보다 더 그린 ○는 4개이므로 4권의 책을 더 꽂아야 합니다.

답 4권

1-2 의자가 7개가 되도록 그려 봅니다.
● ● ● ● ○ ○ ○
4개보다 더 그린 ○는 3개이므로 3개의 의자를 더 놓아야 합니다.

답 3개

2-1   셋째 둘째 첫째
(왼쪽)○ ○ ○ ○ ● ○ ○(오른쪽)
첫째 둘째 셋째 넷째 다섯째
따라서 오른쪽에서 셋째에 있는 초콜릿은 왼쪽에서 다섯째에 있습니다.

답 다섯째

2-2

첫째 둘째 셋째 넷째 다섯째
(앞) ○ ○ ○ ○ ● ○ ○ ○ ○ (뒤)
　　　　　　↑　↑
　　　　나연 희수
　　　다섯째 넷째 셋째 둘째 첫째

따라서 희수는 뒤에서부터 다섯째에 서 있습니다.

답 다섯째

3-1 1과 6 사이에 있는 수는 2, 3, 4, 5입니다.
이 중에서 4보다 작은 수는 2, 3입니다.
따라서 조건을 만족하는 수는 2개입니다.

답 2개

3-2 2보다 크고 9보다 작은 수는 3, 4, 5, 6, 7, 8입니다.
이 중에서 5보다 큰 수는 6, 7, 8입니다.
따라서 조건을 만족하는 수는 모두 3개입니다.

답 3개

4-1 수 카드의 수를 큰 수부터 늘어놓으면 9, 6, 5, 4, 3, 1입니다.
따라서 왼쪽에서 다섯째에 놓이는 수는 3입니다.

답 3

4-2 수 카드의 수를 작은 수부터 늘어놓으면 0, 1, 2, 4, 5, 6, 8입니다.
따라서 왼쪽에서 셋째에 놓이는 수는 2, 오른쪽에서 둘째에 놓이는 수는 6입니다.

답 2, 6

5-1 □는 2보다 크므로 □ 안에 들어갈 수 있는 수는 3, 4, 5, 6, 7, 8, 9입니다.
6은 □보다 크므로 □ 안에 들어갈 수 있는 수는 0, 1, 2, 3, 4, 5입니다. 따라서 □ 안에 공통으로 들어갈 수 있는 수는 3, 4, 5입니다.

답 3, 4, 5

5-2 7은 □보다 크므로 □ 안에 들어갈 수 있는 수는 0, 1, 2, 3, 4, 5, 6입니다.
□는 4보다 작으므로 □ 안에 들어갈 수 있는 수는 0, 1, 2, 3입니다.
따라서 □ 안에 공통으로 들어갈 수 있는 수는 0, 1, 2, 3입니다.

답 0, 1, 2, 3

6-1

(앞) ○ ○ ○ ● ○ ○ ○ ○ (뒤)
　　　　　　↑
　　　　영호

따라서 달리기를 하고 있는 사람은 모두 8명입니다.

답 8명

6-2

(위)
○
○
○
○
● ← 승아네 집
○
(아래)

따라서 승아가 살고 있는 아파트는 6층까지 있습니다.

답 6층

6-3

```
                    ┌─ 8 (위)
                 ┌─ 7
              ┌─ 6
           ┌─ 5
  해수 ┌─ 4
     ┌─ 3
  ┌─ 2
(아래) │ 1
```

따라서 계단은 모두 8칸입니다.

답 8칸

7-1 8보다 1만큼 더 큰 수는 9이므로 어린이는 9명입니다.
5보다 1만큼 더 작은 수는 4이므로 어른은 4명입니다.

답 어린이: 9명, 어른: 4명

7-2 재우가 태하보다 1자루 더 많이 가지고 있으므로 태하는 재우보다 1자루 더 적게 가지고 있습니다.
5보다 1만큼 더 작은 수는 4이므로 태하가 가지고 있는 색연필은 4자루입니다.
4보다 1만큼 더 작은 수는 3이므로 희주가 가지고 있는 색연필은 3자루입니다.

답 희주: 3자루, 태하: 4자루

01 서준	**02** 4개	**03** ㉣	**04** 넷째
05 6개	**06** 5층	**07** 선호, 2개	
08 7개	**09** 2개	**10** 민재	**11** ●
12 6, 7	**13** 둘째	**14** 4명	**15** 6명

01 7은 6보다 1만큼 더 큰 수이므로 서준이는 구슬을 6개 가지고 있습니다. 6보다 1만큼 더 작은 수는 5이므로 태온이는 구슬을 5개 가지고 있습니다. 6이 5보다 크므로 서준이가 구슬을 더 많이 가지고 있습니다.

답 서준

02 예 ❶ 주어진 수를 작은 수부터 차례로 쓰면 0, 1, 2, 3, 5, 6, 7, 8입니다.
❷ 따라서 3보다 크고 9보다 작은 수는 5, 6, 7, 8이므로 모두 4개입니다.

답 4개

채점기준	배점	
❶ 주어진 수를 작은 수부터 차례로 쓰기	3점	5점
❷ 3보다 크고 9보다 작은 수를 찾아 개수 구하기	2점	

03 블록의 수를 각각 세어 봅니다.
㉠ 7개　㉡ 6개　㉢ 8개　㉣ 9개
작은 수부터 차례로 써보면 6, 7, 8, 9이므로 블록의 수가 가장 많은 것은 ㉣입니다.

답 ㉣

04 왼쪽에서부터 셋째에 있는 과일은 포도입니다. 포도는 오른쪽에서부터 넷째에 있습니다.

답 넷째

05 5보다 큰 수는 6, 7, 8 ……이고 이 중에서 7보다 작은 수는 6이므로 동현이는 호두과자를 6개 먹었습니다.

답 6개

06 8층
7층 ⎫ 3층 더 내려감
6층 ⎭
5층 ← 은서네 집
4층
3층
2층
1층

따라서 은서네 집은 5층입니다.

답 5층

07 현수와 선호가 블록을 쌓은 모양은 다음과 같습니다.

현수　　　선호

현수와 선호가 쌓은 블록을 하나씩 색칠하면 선호는 블록이 2개 남습니다. 따라서 선호가 블록을 2개 더 많이 쌓았습니다.

답 선호, 2개

08 예 ❶ 포도 사탕 1개를 레몬 사탕 3개로 바꾸었으므로 포도 사탕은 4개, 레몬 사탕은 3개 가지고 있습니다.
❷ 따라서 3개, 4개를 이어서 세어 보면 소현이가 가지고 있는 사탕은 모두 7개입니다.

답 7개

채점기준	배점	
❶ 소현이가 가지고 있는 포도 사탕과 레몬 사탕의 개수 구하기	2점	5점
❷ 소현이가 가지고 있는 사탕의 개수 구하기	3점	

09 규진 ◯◯◯◯◯◌◌◌
성호 ◯◯◯◯◯◯◯◯◯
하나씩 짝을 지으면 성호는 스티커가 4개 남습니다. 따라서 성호가 스티커 2개를 규진이에게 주면 두 사람이 가지고 있는 스티커 수는 7개로 같아집니다.

답 2개

10 4보다 1만큼 더 큰 수는 5, 5보다 1만큼 더 큰 수는 6, 6보다 1만큼 더 큰 수는 7이므로 민재는 7개를 먹었습니다. 8보다 1만큼 더 작은 수는 7, 7보다 1만큼 더 작은 수는 6이므로 수아는 6개를 먹었습니다.
따라서 7이 6보다 크므로 민재가 더 많이 먹었습니다.

답 민재

11 6은 5보다 1만큼 더 큰 수이므로 ■는 5입니다.
5는 6보다 1만큼 더 작은 수이므로 ▲는 6입니다.

9는 7보다 2만큼 더 큰 수이므로 ●는 7입니다.
구한 수를 작은 수부터 차례로 쓰면 5, 6, 7입니다.
따라서 가장 큰 수는 7이므로 ●가 가장 큽니다.

답 ●

12 3보다 큰 수: 4, 5, ⑥, ⑦, 8 ……
8보다 작은 수: 0, 1, 2, 3, 4, 5, ⑥, ⑦
5보다 큰 수: ⑥, ⑦, 8 ……
따라서 □ 안에 들어갈 수 있는 수는 6, 7입니다.

답 6, 7

13 연아가 넷째에 쓴 수를 먼저 찾아 봅니다.
연아 2 3 4 ⑤ 6 7
　　첫째 둘째 셋째 넷째
소미 4 ⑤ 6 7 8 9
　　첫째 둘째
따라서 연아가 왼쪽에서 넷째에 쓴 수를 소미는 왼쪽에서 둘째에 썼습니다.

답 둘째

14

따라서 아래에서 둘째 계단과 위에서 셋째 계단 사이에 있는 어린이는 4명입니다.

답 4명

15 (앞) ○ ◉ ○ ○ ○ ○ (뒤)
　　　 진우 미주
따라서 줄을 서 있는 사람은 모두 6명입니다.

답 6명

다른풀이 진우는 미주 바로 앞에 서 있으므로 진우는 앞에서부터 둘째이고 진우의 앞에는 1명이 서 있습니다. 진우는 뒤에서부터 다섯째에 서 있으므로 진우의 뒤에는 4명이 서 있습니다.
따라서 1명과 4명, 그리고 진우까지 이어서 세어 보면 줄을 서 있는 친구들은 모두 6명입니다.

01 3명　　02 5　　03 2계단　　04 예술
05 ○×○○

01 A급비법 그림을 그려 생각해 봅니다.
(앞) ○ ○ ○ ○ ○ ○ ◉ ○ ○ (뒤)
　　　　　　　　　　　 지수
○ ○ ○ ◉ ○ ○ ○ ○ ○
　　　 지수
따라서 지수 앞에는 3명의 학생이 달리고 있습니다.

답 3명

02 A급비법 규칙에 따라 순서대로 수를 구해 봅니다.
한 칸씩 이동할 때마다 나오는 수를 차례대로 구합니다.
☆: 5보다 3만큼 더 큰 수는 5, 6, 7, 8에서 8입니다.
➡ ♡: 8보다 4만큼 더 작은 수는 8, 7, 6, 5, 4에서 4입니다.
➡ □: 4보다 2만큼 더 큰 수는 4, 5, 6에서 6입니다.
➡ ☆: 6보다 3만큼 더 큰 수는 6, 7, 8, 9에서 9입니다.
➡ ♡: 9보다 4만큼 더 작은 수는 9, 8, 7, 6, 5에서 5입니다.
따라서 출발할 때의 수가 5이면 도착할 때의 수는 5입니다.

답 5

03 A급비법 두 사람이 가위바위보를 하며 한 명이 이겼다면 다른 한 명은 졌다는 것입니다.
은서가 2번 이기고 1번 졌으므로 민지는 2번 지고 1번 이긴 것입니다. 은서가 올라간 계단은 3계단씩 2번 올라간 다음 1계단 더 올라가므로 7계단이고 민지는 1계단씩 2번 올라간 다음 3계단을 더 올라간 것과 같으므로 5계단입니다.
따라서 은서는 민지보다 2계단 위에 있습니다.

답 2계단

04 A급비법 네 명의 친구들이 가지고 있는 솔방울 수를 순서대로 구해 봅니다.
시아는 4개보다 2개 더 많이 가지고 있으므로 6개

를 가지고 있습니다. 하은이는 시아보다 3개 더 많이 가지고 있으므로 9개를 가지고 있습니다. 연준이는 시아보다 1개 더 적게 가지고 있으므로 5개를 가지고 있습니다. 연준이가 예솔이에게 1개를 주면 두 사람이 가지고 있는 솔방울의 수가 4개로 같아지므로 예솔이는 4개보다 1개 더 적은 3개를 가지고 있습니다.

따라서 시아는 6개, 하은이는 9개, 연준이는 5개, 예솔이는 3개이므로 가장 적게 솔방울을 가지고 있는 사람은 예솔입니다.

답 예솔

05 [A급비법] 각 자리가 나타내는 수를 찾아 봅니다.

각 자리가 나타내는 수는 앞에서부터 1, 2, 3, 4입니다. 5는 4보다 1만큼 더 큰 수, 6은 4보다 2만큼 더 큰 수입니다.

8은 5보다 3만큼 더 큰 수이므로 ○×○○입니다.

답 ○×○○

2. 여러 가지 모양

01 (△)(○)(□)
(□)(△)(○) **02** ㉠, ㉢, ㉤
03 ㉡ **04** **05** ㉠, ㉢, ㉣
06 연아 **07** ㉡ **08** ㉠
09
10 ▨ 모양: 3개, ▨ 모양: 3개, ○ 모양: 2개
11 **12**

01 주사위, 일기장은 ▨ 모양, 연필, 필통은 ▨ 모양, 쇠구슬, 멜론은 ○ 모양입니다.

답 (△)(○)(□)
(□)(△)(○)

02 ㉠, ㉢, ㉤이 ▨ 모양입니다.

답 ㉠, ㉢, ㉤

03 ㉡이 ○ 모양입니다.

답 ㉡

04 북은 ▨ 모양, 토스터는 ▨ 모양, 배구공은 ○ 모양입니다.

답

05 ▨ 모양은 ㉡, ㉤, ㉥이므로 모을 수 없는 물건은 ㉠, ㉢, ㉣입니다.

답 ㉠, ㉢, ㉣

06 연아는 ▨ 모양끼리만 모았고 우림이는 ▨ 모양과 ○ 모양을 모았습니다.

답 연아

07 뾰족한 부분이 있으므로 ㉡과 같은 모양입니다.

답 ㉡

08 둥근 부분과 평평한 부분이 보이므로 ㉠과 같은 모

양입니다.

답 ㉠

09 평평한 부분이 있는 모양은 ⬜ 모양, ⬛ 모양이고 이 중에서 잘 굴러가지 않는 모양은 ⬜ 모양입니다.

답 (⬜ ⬛ ○)

10 주어진 모양은 ⬜ 모양 3개, ⬛ 모양 3개, ○ 모양 2개로 만들어졌습니다.

답 ⬜ 모양: 3개, ⬛ 모양: 3개, ○ 모양: 2개

11 ⬛ 모양 5개, ○ 모양 2개로 만든 모양이므로 ⬜ 모양은 사용하지 않았습니다.

답 (⬜ ⬛ ○)

12 ⬜ 모양 2개, ⬛ 모양 2개, ○ 모양 1개로 만든 모양을 찾아 선으로 잇습니다.

• 위쪽 모양은 ⬜ 모양 2개, ⬛ 모양 2개, ○ 모양 1개로 만들었습니다.

• 아래쪽 모양은 ⬜ 모양 2개, ⬛ 모양 1개, ○ 모양 1개로 만들었습니다.

답

휴카페

안녕하세요~ 인사는 내가 먼저!
환한 미소로 인사하면 하루가 행복해집니다.

STEP C 교과서유형완성 | 본문 032~038쪽

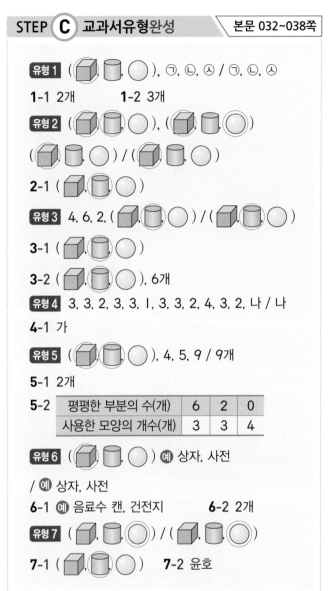

유형1 (⬜ ⬛ ○), ㉠, ㉡, ㈅ / ㉠, ㉡, ㈅
1-1 2개   1-2 3개
유형2 (⬜ ⬛ ○), (⬜ ⬛ ○)
(⬜ ⬛ ○) / (⬜ ⬛ ○)
2-1 (⬜ ⬛ ○)
유형3 4, 6, 2, (⬜ ⬛ ○) / (⬜ ⬛ ○)
3-1 (⬜ ⬛ ○)
3-2 (⬜ ⬛ ○), 6개
유형4 3, 3, 2, 3, 3, 1, 3, 3, 2, 4, 3, 2, 나 / 나
4-1 가
유형5 (⬜ ⬛ ○), 4, 5, 9 / 9개
5-1 2개
5-2

| 평평한 부분의 수(개) | 6 | 2 | 0 |
| 사용한 모양의 개수(개) | 3 | 3 | 4 |

유형6 (⬜ ⬛ ○) 예 상자, 사전
/ 예 상자, 사전
6-1 예 음료수 캔, 건전지   6-2 2개
유형7 (⬜ ⬛ ○) / (⬜ ⬛ ○)
7-1 (⬜ ⬛ ○)   7-2 윤호

1-1 둥근 부분이 있는 모양은 ⬛ 모양, ○ 모양입니다.
㉡, ㉢은 ⬜ 모양이므로 둥근 부분이 없습니다.

답 2개

1-2 왼쪽 모양은 ○ 모양의 일부분입니다.
○ 모양은 ㉡, ㉣, ㈅이므로 3개입니다.

답 3개

2-1 민수의 방에 있는 물건의 모양은 ⬜ 모양과 ⬛ 모양입니다.
동현이의 방에 있는 물건의 모양은 ⬛ 모양과 ○ 모양입니다.
따라서 두 사람의 방에 모두 있는 모양은 ⬛ 모양입니다.

답 (⬜ ⬛ ○)

정답 및 풀이 | 07

3-1 사용한 모양의 개수를 각각 세어 보면
⬛ 모양: 3개, 🔵 모양: 5개, ⚪ 모양: 4개
따라서 가장 많이 사용한 모양은 🔵 모양입니다.

답 (⬛ , **🔵** , ⚪)

3-2 사용한 모양의 개수를 각각 세어 보면
⬛ 모양: 1개, 🔵 모양: 6개, ⚪ 모양: 3개입
니다.
따라서 🔵 모양은 6개로 가장 많이 사용하였습
니다.

답 (⬛ , **🔵** , ⚪), 6개

4-1 왼쪽 모양은 ⬛ 모양: 2개, 🔵 모양: 3개, ⚪
모양: 2개입니다.
가 − ⬛ 모양: 2개, 🔵 모양: 3개, ⚪ 모양: 2개
나 − ⬛ 모양: 2개, 🔵 모양: 4개, ⚪ 모양: 2개
다 − ⬛ 모양: 3개, 🔵 모양: 2개, ⚪ 모양: 2개
따라서 왼쪽 모양을 모두 사용하여 만들 수 있는
모양은 가입니다.

답 가

5-1 평평한 부분이 있는 모양은 ⬛ 모양과 🔵 모양
이고 평평한 부분이 없는 모양은 ⚪ 모양입니다.
주어진 모양에서 ⬛ 모양은 6개, 🔵 모양은 1
개, ⚪ 모양은 5개입니다.
따라서 평평한 부분이 있는 모양은 평평한 모양
이 없는 모양보다 $7-5=2$(개) 더 많습니다.

답 2개

5-2 평평한 부분이 6개인 모양은 ⬛ 모양이고 3개
입니다.
평평한 부분이 2개인 모양은 🔵 모양이고 3개입
니다.
평평한 부분이 0개인 모양은 ⚪ 모양이고 4개입
니다.

답
평평한 부분의 수(개)	6	2	0
사용한 모양의 개수(개)	3	3	4

6-1 🔵 모양에 대한 설명입니다.

예 🔵 모양의 물건에는 음료수 캔, 건전지 등이
있습니다.

답 예 음료수 캔, 건전지

6-2 혜수가 설명하는 모양은 ⚪ 모양입니다.
|보기|에서 고르면 ㉡ 수박, ㉤ 테니스공으로 2개
입니다.

답 2개

7-1 ⬛ , ⚪ , 🔵 모양이 반복되는 규칙입니다.
따라서 빈 곳에 들어갈 모양은 🔵 모양입니다.

답 (⬛ , **🔵** , ⚪)

7-2 (골프공, 골프공, 필통, 통조림)이 반복되는 규칙
이므로 골프공 다음에는 골프공이 옵니다.
골프공은 둥근 부분으로만 이루어진 ⚪ 모양이
므로 바르게 말한 사람은 윤호입니다.

답 윤호

STEP B 종합응용력완성　　본문 039~043쪽

01 ㉠　　**02** (⬛ , **🔵** , ⚪)

03 나

04
평평한 부분이 있는 것	평평한 부분이 없는 것
㉠, ㉢, ㉣, ㉤, ㉥	㉡, ㉦

05
잘 굴러가는 것	잘 굴러가지 않는 것
㉡, ㉢, ㉣, ㉦	㉠, ㉤, ㉥

06
㉠, ㉤, ㉥	㉢, ㉣	㉡, ㉦

07 (**⬛** , **🔵** , ⚪), 1개　**08** 예 수박, 배구공

09 (⬛ , 🔵 , **⚪**), 2개　**10** 5개

11 ⬛ 모양: 3개, 🔵 모양: 6개, ⚪ 모양: 6개

12 6개　　　　　**13** 서진

14 (⬛ , 🔵 , **⚪**), 빨간색

01 ⬜ 모양은 사과 상자, 필통, 전자레인지로 3개입니다.

🔵(원기둥) 모양은 롤케이크, 탬버린으로 2개입니다.

⚪ 모양은 지구본, 초콜릿으로 2개입니다.

따라서 바르게 설명한 것은 ㉠입니다.

답 ㉠

02 ⬜ 모양 3개, 🔵 모양 2개, ⚪ 모양은 3개입니다.

따라서 사용한 모양의 수가 다른 하나는 🔵 모양입니다.

답 (⬜ , 🔵 , ⚪)

03 가 ➡ ⬜ 모양: 3개, 🔵 모양: 2개, ⚪ 모양: 3개

나 ➡ ⬜ 모양: 3개, 🔵 모양: 2개, ⚪ 모양: 4개

다 ➡ ⬜ 모양: 3개, 🔵 모양: 2개, ⚪ 모양: 5개

따라서 ⬜ 모양 3개, 🔵 모양 2개, ⚪ 모양 4개로 만든 모양은 나입니다.

답 나

04 평평한 부분이 있는 것은 ⬜ 모양과 🔵 모양입니다. 평평한 부분이 없는 것은 ⚪ 모양입니다.

답
평평한 부분이 있는 것	평평한 부분이 없는 것
㉠, ㉢, ㉣, ㉤, ㉥	㉡, ㉦

05 잘 굴러가는 것은 🔵 모양과 ⚪ 모양입니다. 잘 굴러가지 않는 것은 ⬜ 모양입니다.

답
잘 굴러가는 것	잘 굴러가는 않는 것
㉡, ㉢, ㉣, ㉥	㉠, ㉤, ㉦

06 오른쪽은 ⬜, 중간은 🔵, 왼쪽은 ⚪ 모양의 일부분입니다.

답

ㄱ, ㅁ, ㅅ | ㄷ, ㄹ | ㄴ, ㅂ

07 주어진 모양을 만들려면 ⬜ 모양 3개, 🔵 모양 4개, ⚪ 모양 3개가 필요합니다.

따라서 🔵 모양 1개가 더 필요합니다.

답 (⬜ , 🔵 , ⚪), 1개

08 • 한 방향으로만 잘 굴러가는 모양은 눕히면 굴러갈 수 있는 🔵 모양입니다.

• ⬜ 모양에는 평평한 부분이 6개 있고 뾰족한 부분도 있습니다.

따라서 설명에 없는 모양은 ⚪ 모양입니다.

➡ 예 수박, 배구공, 멜론, ……

답 예 수박, 배구공

09 성아 ➡ ⬜ 모양: 2개, 🔵 모양: 5개,
⚪ 모양: 5개

한별 ➡ ⬜ 모양: 2개, 🔵 모양: 5개,
⚪ 모양: 3개

따라서 성아가 한별이보다 ⚪ 모양을 2개 더 많이 사용하였습니다.

답 (⬜ , 🔵 , ⚪), 2개

10 뾰족한 부분이 있으므로 ⬜ 모양의 일부분입니다.

따라서 ⬜ 모양의 개수를 세어 보면 5개입니다.

답 5개

11 주어진 모양을 만들려면 ⬜ 모양 2개, 🔵 모양 6개, ⚪ 모양 4개가 필요합니다.

⬜ 모양이 1개 남았으므로 ⬜ 모양은 2보다 1만큼 더 큰 수인 3개, 🔵 모양은 6개, ⚪ 모양이 2개 남았으므로 ⚪ 모양은 4보다 2만큼 더 큰 수인 6개를 가지고 있었습니다.

답 ⬜ 모양: 3개, 🔵 모양: 6개, ⚪ 모양: 6개

12 예 ❶ 뾰족한 부분이 없는 모양은 🔵 모양과 ⚪ 모양이고 뾰족한 부분이 있는 모양은 ⬜ 모양입니다.

❷ 주어진 모양은 ⬜ 모양 3개, 🔵 모양 4개, ⚪ 모양 5개이므로 뾰족한 부분이 없는 모양은 9개, 뾰족한 부분이 있는 모양은 3개입니다.

❸ 9는 3보다 6만큼 더 큰 수이므로 뾰족한 부분이 없는 모양은 뾰족한 부분이 있는 모양보다 6개 더 많습니다.

답 6개

채점기준	배점	
❶ 뾰족한 부분이 있는 모양과 없는 모양 알기	2점	
❷ 뾰족한 부분이 있는 모양과 없는 모양의 개수 구하기	2점	5점
❸ 몇 개 더 많이 사용했는지 구하기	1점	

13 위에서 보았을 때 ○ 모양, 옆에서 보았을 때 □ 모양이므로 상자 안에 들어 있는 것은 ⬭ 모양입니다.

⬭ 모양은 둥근 부분이 있지만 평평한 부분이 있어서 세우면 잘 쌓을 수 있습니다. 따라서 바르게 말한 사람은 서진입니다.

답 서진

14 모양은 ⬛, ◖, ●, ⬭ 이 반복되고 색깔은 빨간색, 노란색, 파란색이 반복되는 규칙입니다.

따라서 빈 곳에 들어갈 모양은 ○ 모양이고, 빨간색입니다.

답 (⬛, ⬭, ◉), 빨간색

STEP Ⓐ 최상위실력완성 · 본문 044~045쪽

01 ⬛ 모양: 2개, ⬭ 모양: 3개, ○ 모양: 3개

02 ㉠, ㉣ **03** 영은 **04** 5개

---

01 A급비법 모양을 만드는 데 필요한 각 모양의 개수를 세어 봅니다.

주어진 모양을 만드는 데 ⬛ 모양 4개, ⬭ 모양 7개, ○ 모양 4개가 필요합니다.

⬛ 모양 2개, ⬭ 모양 4개, ○ 모양 1개가 부족하므로

승현이가 처음에 가지고 있던 모양은 다음과 같습니다.

⬛ 모양은 4보다 2만큼 더 작은 수이므로 2개,

⬭ 모양은 7보다 4만큼 더 작은 수이므로 3개,

○ 모양은 4보다 1만큼 더 작은 수이므로 3개입니다.

답 ⬛ 모양: 2개, ⬭ 모양: 3개, ○ 모양: 3개

02 A급비법 뾰족한 부분과 둥근 부분으로 전체 모양을 생각해 봅니다.

㉠ 맨 아래층은 평평한 부분과 둥근 부분이 있으므로 ⬭ 모양입니다.

㉡ 맨 위층은 평평한 부분과 뾰족한 부분이 있으므로 ⬛ 모양입니다. 즉, 평평한 부분은 6개입니다.

㉢ 가운데 층은 평평한 부분과 둥근 부분이 있습니다.

따라서 바르게 설명한 것은 ㉠, ㉣입니다.

답 ㉠, ㉣

03 A급비법 각자가 사용한 모양의 수를 각각 세어 봅니다.

평평한 부분과 둥근 부분이 모두 있는 모양은 ⬭ 모양입니다.

지수가 사용한 ⬛ 모양은 2개, ⬭ 모양은 4개, ○ 모양은 3개입니다.

민재가 사용한 ⬛ 모양은 2개, ⬭ 모양은 3개, ○ 모양은 2개입니다.

영은이가 사용한 ⬛ 모양은 3개, ⬭ 모양은 5개, ○ 모양은 2개입니다.

따라서 ⬭ 모양을 영은이가 가장 많이 사용했습니다.

답 영은

04 A급비법 어떤 모양이 몇번째에 늘어나는지 세어 봅니다.

1번째 ➡ ⬛ 모양: 1개

2번째 ➡ ⬛ 모양: 1개, ⬭ 모양: 2개, ○ 모양: 1개

3번째 ➡ ⬛ 모양: 2개, ⬭ 모양: 2개, ○ 모양: 1개

4번째 ➡ ⬛ 모양: 2개, ⬭ 모양: 4개, ○ 모양: 2개

5번째 ➡ ⬛ 모양: 3개, ⬭ 모양: 4개, ○ 모양: 2개

6번째 ➡ ⬛ 모양: 3개, ⬭ 모양: 6개, ○ 모양: 3개

7번째 ➡  모양: 4개, 모양: 6개, ◯ 모양: 3개

굴러갈 수 있는 모양은 모양과 ◯ 모양이고, 굴러갈 수 없는 모양은 모양이므로 7번째에 오는 모양에서 굴러갈 수 있는 모양은 9개, 굴러갈 수 없는 모양은 4개입니다.

따라서 9는 4보다 5만큼 더 큰 수이므로 7번째에 굴러갈 수 있는 모양은 굴러갈 수 없는 모양보다 5개 더 많습니다.

답 5개

3. 덧셈과 뺄셈

본문 049~053쪽

01 3, 7   **02** 2   **03** ⤬

04 3, 5   **05** 3자루

06 [이야기1] 예 긴 바지를 입은 어린이 4명과 짧은 바지를 입은 어린이 3명을 합하면 7명입니다.

[이야기2] 예 안경을 쓴 어린이는 2명이므로 안경을 쓰지 않은 어린이 5명보다 3명이 더 적습니다.

07 4, 6 / 2+4=6   **08** ㉡

09 7개   **10** 8-4=4   **11** ①, ⑤

12 6   **13** 덧셈식: 4+0=4 (또는 0+4=4), 4개

14 0+8에 ◯표, 7-7에 △표

15 ④   **16** ⤬

17 덧셈식: 2+6=8 (또는 6+2=8), 뺄셈식: 8-2=6 (또는 8-6=2)

18 ①, ④

01 4와 3을 모으면 7이 됩니다.

답 3, 7

02 8은 2와 6으로 가를 수 있습니다.

답 2

03 • 2와 3을 모으면 5입니다.
• 3과 2를 모으면 5입니다.
• 4와 1을 모으면 5입니다.

답 ⤬

04 1과 7, 2와 6, 3과 5, 4와 4, 5와 3, 6과 2, 7과 1을 모으기 하면 8이 됩니다. ➡ 3과 5

답 3, 5

05 6을 똑같은 두 수로 가르기 하면 3과 3으로 가를 수 있습니다. 따라서 연필 6자루를 두 사람이 똑같이 나누어 가지려면 한 사람이 연필을 3자루 가지면 됩니다.

답 3자루

06 답 [이야기1] 예 긴 바지를 입은 어린이 4명과 짧은

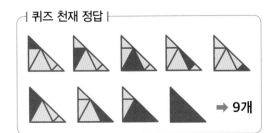 ➡ 9개

바지를 입은 어린이 3명을 합하면 7명입니다.
[이야기2] **예** 안경을 쓴 어린이는 2명이므로 안경을 쓰지 않은 어린이 5명보다 3명이 더 적습니다.

07 2와 4를 모으면 6이므로 2+4=6입니다.
답 4, 6 / 2+4=6

08 ㉠ 1+5=6 ㉡ 7+2=9 ㉢ 3+4=7
6, 9, 7 중에서 가장 큰 수는 9입니다.
답 ㉡

09 고구마 3개와 감자 4개이므로 모두 3+4=7(개)입니다.
답 7개

10 ○ 8개 중 4개를 지우면 남은 ○는 4개이므로 8-4=4입니다.
답 8-4=4

11 ① 8-4=4
② 8-7=1
③ 5-2=3
④ 7-1=6
⑤ 6-2=4
따라서 계산 결과가 같은 것은 ①과 ⑤입니다.
답 ①, ⑤

12 수 카드 중에서 가장 큰 수는 8이고 가장 작은 수는 2입니다. ➡ 8-2=6
답 6

13 **답** 덧셈식: 4+0=4 (또는 0+4=4), 4개

14 6-0=6, 2+5=7, 0+8=8, 7-7=0
따라서 계산 결과가 가장 큰 것은 0+8=8, 가장 작은 것은 7-7=0입니다.
답 0+8에 ○표, 7-7에 △표

15 ①, ③ 결과가 가장 왼쪽의 수보다 크므로 더한 것입니다. ➡ +
②, ⑤ 결과가 가장 왼쪽의 수보다 작으므로 뺀 것입니다. ➡ -
④ 7□0=7의 □ 안에는 +, -를 모두 쓸 수 있습니다.
답 ④

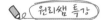

계산 결과를 보고 +, - 기호 넣기
●□▲=■에서
계산 결과(■)가 가장 왼쪽의 수(●, ▲)보다 크면 더한 것입니다.
□ ➡ +
계산 결과(■)가 가장 왼쪽의 수(●)보다 작으면 뺀 것입니다.
□ ➡ -

16 7-2=5, 8-0=8, 9-3=6
3+5=8, 0+5=5, 4+2=6
답

17 세 수를 이용하여 만들 수 있는
덧셈식은 2+6=8 또는 6+2=8이고
뺄셈식은 8-2=6 또는 8-6=2입니다.
답 덧셈식: 2+6=8 (또는 6+2=8),
뺄셈식: 8-2=6 (또는 8-6=2)

18 7-2=5 〈 2+5=7
5+2=7
②, ③, ⑤는 덧셈식은 맞지만 주어진 뺄셈식을 보고 만들 수 없으므로 답이 아닙니다.
답 ①, ④

STEP C 교과서유형완성 〉 본문 054~059쪽

유형1 6, 6, 7, 7 / 7
1-1 1   **1-2** 9
유형2 8, 5, 8, 5, 3 / 3
2-1 8   **2-2** 3
유형3 5, 4, 5, 4, 9 (또는 5, 4, 4, 5, 9) /
5+4=9 (또는 4+5=9)
3-1 6, 2, 4   **3-2** 7, 3, 9, 5 (또는 9, 5, 7, 3)
유형4 5, 4, 3, 2, 5, 1, 5, 5 / 5가지
4-1 6가지   **4-2** 4가지
유형5 7, 7, 7, 2, 5, 5 / 5
5-1 6   **5-2** 8   **5-3** 3
유형6 2, 3, 3, 6 / 6개
6-1 7개   **6-2** 7개   **6-3** 5장

1-1

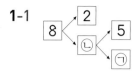

8은 2와 6으로 가를 수 있으므로 ㉡=6입니다.
6은 5와 1로 가를 수 있으므로 ㉠=1입니다.

답 1

1-2

5는 3과 2로 가를 수 있으므로 ㉡=2입니다.
7은 2와 5로 가를 수 있으므로 ㉢=5입니다.
5와 4를 모으면 9이므로 ㉠=9입니다.

답 9

2-1 덧셈식의 합이 모두 같으므로 합이 4+2=6인
덧셈식입니다.
3+3=6이므로 ★=3입니다.
1+5=6이므로 ●=5입니다.
➡ ★+●=3+5=8

답 8

2-2 3+4=7이므로 ■=7입니다.
2+5=7이므로 ▲=5입니다.
9-2=7이므로 ●=2입니다.
➡ ▲-●=5-2=3

답 3

3-1 차가 가장 크려면 가장 큰 수에서 가장 작은 수를
빼야 합니다.
수 카드 중 가장 큰 수는 6이고 가장 작은 수는 2
이므로 차가 가장 큰 뺄셈식은 6-2=4입니다.

답 6, 2, 4

3-2 (큰 수)-(작은 수)=4가 되는 뺄셈식을 만들면
7-3=4, 9-5=4입니다.

답 7, 3, 9, 5 (또는 9, 5, 7, 3)

4-1 7을 두 수로 가르면
(연우, 세아) ➡ (1, 6), (2, 5), (3, 4), (4, 3),
(5, 2), (6, 1)
따라서 초콜릿을 나누어 가지는 방법은 모두 6가
지입니다.

답 6가지

4-2 9를 두 수로 가르면
(지수, 서희) ➡ (1, 8), (2, 7), (3, 6), (4, 5),
(5, 4), (6, 3), (7, 2), (8, 1)
이 중 지수가 서희보다 더 많이 가지는 방법은 모
두 4가지입니다.

답 4가지

5-1 ■-2=3에서 5-2=3이므로 ■=5입니다.
■ 모양에 5를 넣으면 ▲-5=1에서
6-5=1이므로 ▲=6입니다.

답 6

5-2 ★+★=6에서 3+3=6이므로 ★=3입니다.
★ 모양에 3을 넣으면 3+5=◉에서
3+5=8이므로 ◉=8입니다.

답 8

5-3 ■+■=●에서 ■=2이므로 2+2=4,
●=4입니다.
● 모양에 4를 넣으면 4+2=◉에서
4+2=6이므로 ◉=6입니다.
◉ 모양에 6을 넣으면 6-3=▲에서
6-3=3이므로 ▲=3입니다.

답 3

6-1 처음 있던 사탕의 수는 5+4=9(개)입니다.
수연이가 딸기 사탕 2개를 먹으면 남아있는 사탕
은 9-2=7(개)가 됩니다.

답 7개

6-2 지희가 친구에게 구슬 2개를 주기 전에 가지고
있던 구슬은 1+2=3(개)입니다.
민재가 지희보다 1개 더 많게 나누어 가졌으므로
민재가 가지고 있는 구슬은 3+1=4(개)입니
다.
나누어 가지기 전에 구슬은 3+4=7(개) 있었
습니다.

답 7개

6-3 수지가 유리에게 노란색 색종이 5장을 주고 남은
색종이는 7-5=2(장)입니다.
수지가 유리에게 파란색 색종이 3장을 받았으므
로 수지가 지금 가지고 있는 색종이는 모두
2+3=5(장)입니다.

답 5장

01 2, 5	**02** 9개	**03** 9	**04** ㉠
05 5개	**06** 5	**07** 2가지	
08 채원, 2칸		**09** 6개	**10** 5개
11 4명	**12** 3	**13** 6가지	
14 ▲=4, ●=5		**15** 1, 2, 3, 4, 5	

01 7을 두 수로 가르면 다음과 같습니다.
(1, 6), (2, 5), (3, 4), (4, 3), (5, 2), (6, 1)
이 중에서 가른 두 수의 차가 3인 경우는 (2, 5) 또는 (5, 2)입니다.

답 2, 5

02 동생이 먹은 젤리는 형보다 1개 더 적으므로
5−1=4(개)입니다.
따라서 두 사람이 먹은 젤리는 모두 5+4=9(개)입니다.

답 9개

03 예 ❶ 어떤 수를 □로 놓고 잘못 계산한 식을 세우면 □−2=5입니다.
□−2=5에서 7−2=5이므로 □=7
❷ 따라서 바르게 계산하면 7+2=9입니다.

답 9

채점기준	배점	
❶ 어떤 수 구하기	3점	5점
❷ 바르게 계산한 값 구하기	2점	

04 ㉠ 5+2=[7] ㉡ 3+[6]=9 ㉢ 6−3=[3]
㉣ 8−[4]=4
7>6>4>3이므로 가장 큰 것의 기호는 ㉠입니다.

답 ㉠

05 (예나가 만든 거북이의 수)
  =(민서가 만든 거북이의 수)−3
  =6−3=3(개)
(시우가 만든 거북이의 수)
  =(예나가 만든 거북이의 수)+2
  =3+2=5(개)

답 5개

06 8은 4와 4로 가를 수 있으므로 ㉡=4입니다.

4는 1과 3으로 가를 수 있으므로 ㉢=3입니다.
4와 1을 모으면 5이므로 ㉣=5입니다.
3과 5를 모으면 8이므로 ㉠=8입니다.
㉠, ㉡, ㉢, ㉣ 중 가장 큰 수는 8이고, 가장 작은 수는 3이므로 8−3=5입니다.

답 5

07 수아와 은호가 나누어 가지는 사과의 수는
8−2=6(개)입니다.
6을 두 수로 가르면
(수아, 은호) ➡ (1, 5), (2, 4), (3, 3), (4, 2), (5, 1)
따라서 수아가 은호보다 더 적게 가지는 방법은 2가지입니다.

답 2가지

08

3+5=8	9−5=4	7−0=7	8−4=4
6−2=4	3+3=6	8−5=3	0+5=5
4+1=5	5+2=7	1+3=4	9−3=6

계산 결과가 6이 되는 경우는 3+3, 9−3이므로 노란색을 칠한 칸은 2칸입니다.
계산 결과가 4가 되는 경우는 9−5, 8−4, 6−2, 1+3이므로 파란색을 칠한 칸은 4칸입니다.
따라서 채원이가 칠한 칸이 4−2=2(칸) 더 많습니다.

답 채원, 2칸

09 (먹고 남은 사탕 수)
  =(처음에 가지고 있던 사탕 수)−(먹은 사탕 수)
  =5−3=2(개)
(도진이가 가지고 있는 사탕 수)
  =(먹고 남은 사탕 수)+(친구에게 받은 사탕 수)
  =2+4=6(개)

답 6개

10 6과 2를 모으면 8이 되므로 망고는 2개입니다.
5와 3을 모으면 8이 되므로 배는 3개입니다.
따라서 배는 3개, 망고는 2개이므로 모두 5개입니다.

답 5개

다른풀이 주어진 조건을 식으로 나타내 봅니다.
(배)+(사과)=6,
(배)+(사과)+(망고)=8
➡ 6+(망고)=8에서 6+2=8이므로

(망고)=2(개)입니다.
(사과)+(망고)=5, (배)+(사과)+(망고)=8
➡ (배)+5=8에서 3+5=8이므로 (배)=3(개)
입니다.
따라서 배와 망고는 모두 2+3=5(개)입니다.

11 학생 수는 모두 5+3=8(명)입니다.
8을 두 수로 가르면 다음과 같습니다.
(0, 8), (1, 7), (2, 6), (3, 5), (4, 4), (5, 3),
(6, 2), (7, 1), (8, 0)
따라서 같은 수로 나누어지는 경우는 4와 4이므로
여학생 수는 4명입니다.

답 4명

12 예 ❶ 지유가 1과 3을 가졌을 때, 수호는 4와 5를
갖습니다.
1+3=4, 4+5=9 ➡ 9−4=5 (×)
지유가 1과 4를 가졌을 때, 수호는 3과 5를 갖습니다.
1+4=5, 3+5=8 ➡ 8−5=3 (○)
지유가 1과 5를 가졌을 때, 수호는 3과 4를 갖습니다.
1+5=6, 3+4=7 ➡ 7−6=1 (×)
❷ 지유가 가진 수 카드의 수는 1과 4입니다.
❸ 따라서 두 수의 차는 4−1=3입니다.

답 3

채점기준		배점
❶ 지유가 가질 수 있는 수 카드 구하기	3점	
❷ 지유가 가진 수 카드 구하기	1점	5점
❸ 지유가 가진 수 카드의 차 구하기	1점	

13 8을 2보다 크거나 같은 세 수로 가르기 해 봅니다.
(민주, 재은, 승우) ➡ (2, 2, 4), (2, 4, 2),
(4, 2, 2), (2, 3, 3), (3, 2, 3), (3, 3, 2)
따라서 나누어 가질 수 있는 방법은 모두 6가지입니다.

답 6가지

14 두 수의 합이 9가 되는 경우를 표로 나타내면 다음과 같습니다.

큰 수	9	8	7	6	5
작은 수	0	1	2	3	4

이 중에서 차가 1인 두 수는 5와 4입니다.

따라서 ●가 ▲보다 크므로 ▲=4, ●=5입니다.

답 ▲=4, ●=5

15 혜수가 주사위를 던져서 나온 두 눈의 수의 합은
3+5=8입니다. 혜수가 던져서 나온 두 눈의 수의 합이 지민이가 던져서 나온 두 눈의 수의 합보다 크므로 지민이가 던져서 나온 두 눈의 수의 합은 8보다 작아야 합니다. 지민이가 던져서 나온 눈의 수가 2, □이므로 2+□는 8보다 작아야 합니다. 2+6=8이므로 □는 6보다 작아야 합니다.
따라서 □ 안에 들어갈 수 있는 수는 1, 2, 3, 4, 5입니다.

답 1, 2, 3, 4, 5

STEP Ⓐ 최상위실력완성 본문 065~066쪽

01 1	02 4개	03 6개	04 6가지
05 7−2=5		06 약과: 2개, 송편: 5개	

01 A급비법 보기의 규칙을 찾아 ㉠, ㉡의 값을 구합니다.
보기의 규칙은 다음과 같습니다.

㉠=2+2+4=8, ㉡=3+5+1=9이므로
㉡−㉠=9−8=1입니다.

답 1

02 A급비법 가장 큰 수부터 2 작은 수가 있는지 찾습니다.
(큰 수)−(작은 수)=2인 경우를 찾습니다.
9−7=2, 7−5=2, 5−3=2, 2−0=2
따라서 만들 수 있는 뺄셈식은 모두 4개입니다.

답 4개

03 A급비법 두 접시에 같은 개수의 빵이 있다고 생각하고 구해 봅니다.
8을 똑같은 두 수로 가르면 4와 4입니다.
왼쪽 접시에 있던 빵 2개를 오른쪽 접시에 옮겼더니 두 접시에 있는 빵의 개수가 같아졌으므로 빵을 옮기기 전 왼쪽 접시에 있던 빵의 개수는

$4+2=6$(개)입니다.

📋 6개

04 [A급비법] 5보다 크고 9보다 작은 수는 6, 7, 8로 두 수의 합이 6, 7, 8인 두 수를 각각 찾습니다.

두 수의 합이 5보다 크고 9보다 작은 수는 6, 7, 8입니다.
두 수의 합이 6인 경우: (1, 5)
두 수의 합이 7인 경우: (1, 6), (2, 5)
두 수의 합이 8인 경우: (1, 7), (2, 6), (3, 5)
따라서 고르는 방법은 모두 6가지입니다.

📋 6가지

05 [A급비법] 차가 가장 크려면 가장 큰 수에서 가장 작은 수를 빼야 합니다.

큰 수부터 차례로 쓰면 8, 7, 5, 4, 2이므로 가장 큰 수는 8, 가장 작은 수는 2입니다.
차가 두 번째로 큰 뺄셈식은 가장 큰 수에서 두 번째로 작은 수를 뺀 수와 두 번째로 큰 수에서 가장 작은 수를 뺀 수를 비교해 구합니다.
$8-2=6$, $8-4=4$, $7-2=5$이므로 차가 두 번째로 큰 뺄셈식은 $7-2=5$입니다.

📋 $7-2=5$

06 [A급비법] 6과 9를 두 수로 가르기 하여 공통인 수가 있는 경우를 찾습니다.

민규가 건우보다 많도록 6을 두 수로 가르면
(민규, 건우) ➡ (4, 2), (5, 1)
건우가 민규보다 많도록 9를 두 수로 가르면
(민규, 건우) ➡ (1, 8), (2, 7), (3, 6), (4, 5)
민규가 가진 약과와 송편의 수가 같으므로 민규가 가진 약과와 송편은 각각 4개씩입니다.
따라서 건우가 가진 약과는 2개, 송편은 5개입니다.

📋 약과: 2개, 송편: 5개

4. 비교하기

본문 069~071쪽

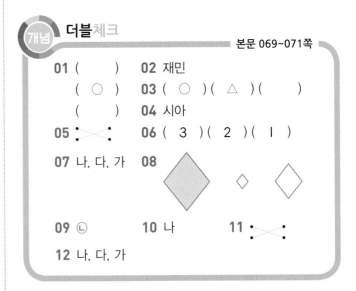

01 (   )
(○)
(   )

02 재민

03 (○)(△)(   )

04 시아

05 ⁝✕⁝

06 (3)(2)(1)

07 나, 다, 가

08

09 ㉡

10 나

11 ⁝✕⁝

12 나, 다, 가

01 왼쪽 끝이 맞추어져 있으므로 오른쪽 끝을 비교해 보면 오른쪽으로 가장 적게 나온 숟가락이 가장 짧습니다.

📋 (   )
(○)
(   )

02 머리끝이 맞추어져 있으므로 발끝이 땅에서 적게 떨어져 있을수록 키가 더 큽니다. 따라서 재민이의 키가 가장 큽니다.

📋 재민

03 아래쪽 끝이 맞추어져 있으므로 위쪽 끝을 비교하면 위쪽으로 높이 올라갈수록 더 높습니다.
따라서 가장 왼쪽 건물이 가장 높고, 가운데 건물이 가장 낮습니다.

📋 (○)(△)(   )

04 시소는 아래로 내려가면 더 무거운 것이므로 시아가 윤성이보다 더 무겁습니다.

📋 시아

05 수박은 딸기보다 더 무겁습니다.
딸기는 수박보다 더 가볍습니다.

📋 ⁝✕⁝

06 손으로 들어 보았을 때 힘이 많이 들어갈수록 더 무거운 것입니다. 따라서 가장 무거운 것은 책상이고, 가장 가벼운 것은 휴대전화입니다.

📋 (3)(2)(1)

07 겹쳐보았을 때 남는 부분이 있는 것이 더 넓습니다. 따라서 가가 가장 좁고, 나가 가장 넓으므로 넓은 것부터 차례로 기호를 쓰면 나, 다, 가입니다.

답 나, 다, 가

08 크기가 가장 큰 왼쪽 모양이 가장 넓습니다.

답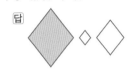

09 칸 수를 세어 보면 ㉠은 7칸, ㉡은 9칸입니다. 칸 수가 많을수록 더 넓으므로 ㉡이 더 넓습니다.

답 ㉡

10 나의 크기가 더 크므로 담을 수 있는 양이 더 많습니다.

답 나

11 그릇의 모양과 크기가 똑같을 경우에는 담겨 있는 물이 더 높이 올라와 있는 쪽의 양이 더 많습니다.
오른쪽 병에 담긴 물이 왼쪽 병에 담긴 물보다 더 많습니다.
왼쪽 병에 담긴 물이 오른쪽 병에 담긴 물보다 더 적습니다.

답

12 컵의 모양과 크기가 같으므로 담긴 주스의 높이가 낮을수록 주스의 양이 적습니다. 나에 주스가 가장 적게 담겨 있고, 가에 주스가 가장 많이 담겨 있습니다. 따라서 주스가 적게 담긴 것부터 차례로 기호를 쓰면 나, 다, 가입니다.

답 나, 다, 가

잠을 자면 꿈을 꾸지만 노력하면 꿈을 이룹니다.
"난 할 수 있다!!!"

유형1 성민, 유빈, 성민, 민재, 소윤, 유빈 / 성민, 민재, 소윤, 유빈
1-1 2마리   **1-2** 예은
유형2 5, 노란 / 노란색
2-1 약국   **2-2** 다, 가, 라, 나
유형3 무겁습니다, 볼펜, 딱풀, 딱풀 / 딱풀
3-1 방울토마토   **3-2** 검정색 공, 주황색 공
유형4 하민, 진우, 진우, 서연, 진우, 서연 / 진우, 서연
4-1 사슴, 강아지, 코알라   **4-2** ㉠, ㉢
유형5 7, 5, 8, 다 / 다
5-1 가   **5-2** 파란색
유형6 나, 나 / 나
6-1 다   **6-2** 항아리

1-1 네 마리 동물의 아래쪽 끝이 맞추어져 있으므로 위쪽 끝을 비교하면 너구리보다 더 내려간 동물은 거북이, 토끼입니다. 따라서 너구리보다 키가 더 작은 동물은 2마리입니다.

답 2마리

1-2 두 사람씩 짝을 지어 키를 비교합니다. 예은이는 민아보다 키가 더 크고, 민아는 한결이보다 키가 더 큽니다. 따라서 키가 가장 큰 사람은 예은입니다.

답 예은

2-1 편의점은 1층이고, 약국은 편의점보다 3층 더 높은 4층에 있습니다. 1층부터 위로 올라갈수록 더 높으므로 4층에 있는 약국이 가장 높은 층에 있습니다.

답 약국

2-2 각 모양이 몇 층까지 쌓은 것인지 구합니다.
가: 3층, 나: 1층, 다: 4층, 라: 2층
따라서 높게 쌓은 것부터 차례로 기호를 쓰면 다, 가, 라, 나입니다.

답 다, 가, 라, 나

3-1 고무줄이 짧게 늘어날수록 더 가벼우므로 가장 짧게 늘어난 것을 찾으면 방울토마토입니다.

답 방울토마토

3-2 용수철이 길게 늘어날수록 더 무겁습니다. 용수철의 길이가 가장 긴 것이 가장 무겁고, 가장 짧은 것이 가장 가벼우므로 가장 무거운 공은 검정색 공이고, 가장 가벼운 공은 주황색 공입니다.

답 검정색 공, 주황색 공

4-1 사슴은 강아지보다 더 무겁고, 코알라보다 더 무거우므로 가장 무겁습니다. 코알라는 사슴보다 더 가볍고, 강아지보다 더 가벼우므로 가장 가볍습니다. 따라서 무거운 동물부터 차례로 쓰면 사슴, 강아지, 코알라입니다.

답 사슴, 강아지, 코알라

4-2 ㉠이 ㉡보다 더 무겁습니다. ……… ①
㉢이 ㉡보다 더 무겁습니다. ……… ②
㉡이 ㉣보다 더 무겁습니다. ……… ③
①, ③에서 무거운 구슬부터 차례로 쓰면 ㉠, ㉡, ㉣이고 ②, ③에서 무거운 구슬부터 차례로 쓰면 ㉢, ㉡, ㉣입니다.
㉠과 ㉢은 ㉡과 ㉣보다 더 무겁지만 서로 무게를 비교할 수 없습니다.
4개 중 무게가 같은 것이 있다고 하였으므로 무게가 같은 구슬은 ㉠과 ㉢입니다.

답 ㉠, ㉢

5-1 작은 한 칸의 크기가 모두 같으므로 칸 수를 세어 보면 가는 7칸, 나는 9칸, 다는 8칸입니다.
칸 수가 적을수록 더 좁으므로 가장 좁은 것은 가입니다.

답 가

5-2

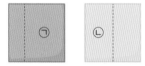

파란색 색종이를 자른 조각 중 더 넓은 것은 ㉠이고, 노란색 색종이를 자른 두 조각의 넓이는 같습니다.
㉠이 ㉡보다 더 넓으므로 잘랐을 때 생기는 조각 중 가장 넓은 조각은 파란색입니다.

답 파란색

6-1 가에 가득 담은 물을 나에 부으면 넘치므로 담을 수 있는 물의 양이 더 많은 그릇은 가입니다.
가에 가득 담은 물을 다에 부으면 다 차지 않으므로 담을 수 있는 물의 양이 더 많은 그릇은 다입니다.

니다.
담을 수 있는 물의 양은 가가 나보다 더 많고, 다가 가보다 더 많으므로 담을 수 있는 물의 양이 가장 많은 그릇은 다입니다.

답 다

6-2 컵으로 물을 퍼낸 횟수가 많을수록 담긴 물의 양이 더 많습니다. 따라서 물을 가장 많이 담을 수 있는 것은 컵으로 물을 퍼낸 횟수가 가장 많은 항아리입니다.

답 항아리

STEP B 종합응용력완성 본문 078~083쪽

01 주안	**02** 라, 나, 가, 다		**03** 선우
04 ㉡	**05** 바	**06** 나, 라, 다, 가	
07 토마토	**08** ㄱ, ㄹ	**09** 다, 나, 가	
10 멜론, 귤	**11** 가방	**12** 연습장 3권을 쌓은 높이	
13 하준	**14** 가		
15 예 파란색, 파란색, 초록색		**16** 나, 가, 다	

01 두 사람씩 키를 비교한 것에서 키가 큰 사람부터 쓰면
도훈—주안, 연서—도훈, 주안—민채입니다.
네 사람을 키가 큰 순서대로 쓰면 연서, 도훈, 주안, 민채이므로 세 번째로 키가 큰 사람은 주안입니다.

답 주안

02 가는 네모 모양 4칸의 길이와 같고, 나는 네모 모양 4칸의 길이보다 조금 길고, 다는 네모 모양 3칸의 길이와 같고, 라는 네모 모양 5칸의 길이와 같습니다. 따라서 4, 3, 5에서 5가 가장 크고 3이 가장 작으므로 길이가 긴 꽃부터 차례로 기호를 쓰면 라, 나, 가, 다입니다.

답 라, 나, 가, 다

03 은채는 동현이보다 3층 더 높으므로 8층에 살고 선우는 은채보다 4층 더 낮으므로 4층에 삽니다.
따라서 가장 낮은 층에 사는 사람은 선우입니다.

답 선우

04 예 ❶ ㉠과 ㉢을 비교하면 ㉠이 ㉢보다 아래로 내

려가 있으므로 ㉠이 ㉢보다 더 무겁습니다.

❷ ㉡과 ㉣을 비교하면 ㉡이 ㉣보다 아래로 내려가 있으므로 ㉡이 ㉣보다 더 무겁습니다.

❸ ㉣과 ㉠을 비교하면 ㉣이 ㉠보다 아래로 내려가 있으므로 ㉣이 ㉠보다 더 무겁습니다.

❹ 따라서 무거운 순서대로 기호를 쓰면 ㉡, ㉣, ㉠, ㉢이므로 가장 무거운 베이글은 ㉡입니다.

답 ㉡

채점기준	배점	
❶ ㉠과 ㉢의 무게 비교	1점	
❷ ㉡과 ㉣의 무게 비교	1점	5점
❸ ㉣과 ㉠의 무게 비교	1점	
❹ 가장 무거운 베이글 구하기	2점	

05 깊이가 깊을수록 물 위에 보이는 막대의 길이가 더 짧습니다.

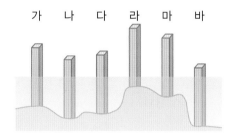

따라서 호수의 깊이가 가장 깊은 곳은 바입니다.

답 바

06 감긴 횟수가 모두 같으므로 굵은 막대에 감은 것일수록 감은 끈의 길이가 더 깁니다. 따라서 끈의 길이가 긴 순서대로 기호를 쓰면 나, 라, 다, 가입니다.

답 나, 라, 다, 가

07 각각 심은 칸의 수를 세어 보면 다음과 같습니다.
깻잎: 8칸, 오이: 6칸, 토마토: 9칸, 호박: 7칸
8, 6, 9, 7 중 가장 큰 수는 9이므로 가장 넓은 곳에 심은 것은 토마토입니다.

답 토마토

08 아래쪽 끝이 맞추어져 있으므로 위쪽 끝을 비교합니다.
ㄴ의 길이가 ㄱ보다 더 깁니다. …… ①
ㄷ의 길이가 ㄱ보다 더 깁니다. …… ②
ㄴ의 길이가 ㄷ보다 더 깁니다. …… ③
ㄷ의 길이가 ㄹ보다 더 깁니다. …… ④
①, ②, ③에서 길이가 긴 사탕수수부터 차례로 쓰면 ㄴ, ㄷ, ㄱ이고,

③, ④에서 길이가 긴 사탕수수부터 차례로 쓰면 ㄴ, ㄷ, ㄹ입니다.
따라서 네 개의 사탕수수 중 서로 길이가 같은 것이 있다고 하였으므로 길이가 같은 것은 ㄱ과 ㄹ입니다.

답 ㄱ, ㄹ

09 나 컵이 가 컵보다 담을 수 있는 양이 더 많습니다.
다 컵이 가 컵보다 담을 수 있는 양이 더 많습니다.
다 컵이 나 컵보다 담을 수 있는 양이 더 많습니다.
따라서 물을 많이 담을 수 있는 컵부터 차례로 쓰면 다, 나, 가입니다.

답 다, 나, 가

10 두 개씩 무게를 비교한 것에서 무거운 과일부터 써 봅니다.
사과—귤, 파인애플—사과, 멜론—파인애플
따라서 무거운 과일부터 차례로 쓰면 멜론, 파인애플, 사과, 귤이므로 멜론이 가장 무겁고 귤이 가장 가볍습니다.

답 멜론, 귤

11 (장갑 3개의 무게)=(모자 1개의 무게)이므로 모자 1개의 무게가 장갑 1개의 무게보다 더 무겁습니다.
(가방 2개의 무게)=(모자 3개의 무게)이므로 가방 1개의 무게가 모자 1개의 무게보다 더 무겁습니다.
따라서 한 개의 무게가 가장 무거운 것은 가방입니다.

답 가방

12 수첩 8권을 쌓은 높이가 연습장 4권을 쌓은 높이와 같으므로 8=2+2+2+2에서 수첩 2권을 쌓은 높이는 연습장 1권의 높이와 같습니다. 연습장 3권을 쌓은 높이는 2+2+2=6이므로 수첩 6권을 쌓은 높이와 같습니다. 따라서 6은 5보다 크므로 연습장 3권을 쌓은 높이가 수첩 5권을 쌓은 높이보다 더 높습니다.

답 연습장 3권을 쌓은 높이

13 예 ❶ 예은이가 마신 컵은 물의 높이도 가장 높고 윗부분의 크기도 가장 작으므로 물을 가장 적게 마셨습니다.

❷ 선우가 마신 컵은 크기가 가장 크고 물의 높이도 가장 낮으므로 물을 가장 많이 마셨습니다.

❸ 하준이와 세아는 물의 높이가 같으므로 컵이 작을수록 마신 물의 양이 더 적습니다. 세아가 마신 컵의 윗부분의 크기가 더 작으므로 하준이보다 세아가 마신 물의 양이 더 적습니다.

❹ 따라서 물을 적게 마신 사람부터 차례로 쓰면 예은, 세아, 하준, 선우이므로 세 번째로 적게 마신 사람은 하준입니다.

답 하준

채점기준	배점	
❶ 가장 적게 마신 사람 구하기	1점	
❷ 가장 많이 마신 사람 구하기	1점	5점
❸ 남은 두 사람이 마신 물의 양 비교하기	2점	
❹ 세 번째로 적게 마신 사람 구하기	1점	

14 가   나   다

가와 다를 나와 같은 모양으로 나누어 보면 가의 한 칸은 나의 4칸의 넓이와 같고 다의 한 칸은 나의 2칸의 넓이와 같습니다.
색칠한 작은 삼각형의 칸 수를 세어 보면 가는 8칸, 나는 7칸, 다는 6칸이므로 색칠한 부분이 가장 넓은 것은 가입니다.

답 가

15 ⬜=●●●●이므로
빈 블록 세 개의 무게는 ●●●●입니다.
4=1+1+2 이므로 빈 블록들은 파란색 블록 2개, 초록색 블록 1개입니다.

답 예 파란색, 파란색, 초록색

16 |보기|에서 검정 구슬 1개를 넣으면 물의 높이가 눈금 3칸만큼 높아지고, 빨간 구슬 2개를 넣으면 물의 높이가 눈금 4칸만큼 높아졌습니다.
4칸=2칸+2칸에서 빨간 구슬 1개를 넣으면 물의 높이가 눈금 2칸만큼 높아집니다.
가 비커에서 빨간 구슬을 꺼내면 물의 높이는 2칸 낮아져 4칸이 되고, 나 비커에서 검정 구슬을 꺼내면 물의 높이는 3칸 낮아져 3칸이 됩니다. 따라서 물이 적게 들어 있는 비커부터 차례로 쓰면 나, 가, 다입니다.

답 나, 가, 다

STEP Ⓐ 최상위실력완성 본문 084~085쪽

01 러시아, 캐나다, 미국, 중국, 브라질, 호주
02 가 **03** 6가지 **04** 가와 라

01 A급비법 주어진 조건으로 크기를 순서대로 비교해 봅니다.
여섯 나라 중 네 번째로 넓은 나라는 중국입니다. 가장 좁은 나라는 호주이고 브라질은 중국보다 더 좁으므로 좁은 순서대로 쓰면 호주, 브라질, 중국입니다. 캐나다는 미국보다 더 넓고, 러시아는 캐나다보다 더 넓으므로 넓은 순서대로 쓰면 러시아, 캐나다, 미국입니다. 따라서 여섯 나라를 넓은 순서대로 쓰면 러시아, 캐나다, 미국, 중국, 브라질, 호주입니다.

답 러시아, 캐나다, 미국, 중국, 브라질, 호주

02 A급비법 빨간색 구슬과 파란색 구슬의 무게를 먼저 비교해 봅니다.
왼쪽 저울을 보면 빨간색 구슬 3개가 파란색 구슬 3개보다 더 무겁습니다.
따라서 빨간색 구슬 1개는 파란색 구슬 1개보다 더 무겁습니다.
빨간색 구슬 1개에 빨간색 구슬 1개와 초록색 구슬 한 개를 더 올리고, 파란색 구슬 1개에 파란색 구슬 1개와 초록색 구슬 2개를 더 올리면 파란색 구슬 2개와 초록색 구슬 2개가 더 무거워집니다.
따라서 파란색 구슬 1개와 초록색 구슬 2개가 빨간색 구슬 1개와 초록색 구슬 1개보다 더 무거우므로 가가 더 무겁습니다.

답 가

03 A급비법 먼저 반드시 지나가야 하는 길을 찾습니다.
⬜보다 ⧄의 거리가 짧으므로 ⧄의 길은 반드시 지나가야 합니다. ⧄ 길을 포함하는 짧은 길은 다음과 같습니다.

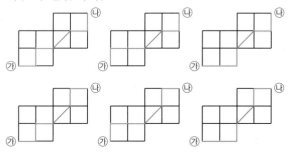

따라서 모두 6가지입니다.

답 6가지

04 같은 위치에 색칠된 칸의 수를 생각해 봅니다.

투명판의 색칠된 부분은 4칸으로 모두 같습니다. 완전히 포개지도록 겹쳤을 때 같은 위치에 색칠된 칸의 수가 적을수록 색칠된 부분의 넓이가 넓습니다. 한 개의 투명판을 기준으로 다른 투명판과 같은 위치에 색칠된 칸의 수를 구해 봅니다.

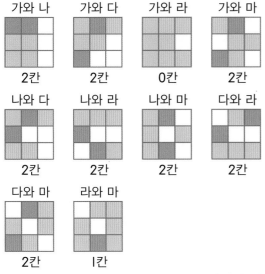

따라서 투명판 가와 라를 겹칠 때 넓이가 가장 넓습니다.

답 가와 라

포기하는 게 무섭지 못하는 건 두렵지 않아.

(포기는 배추 셀 때나 쓰는 말이다!!!
에이급수학~ 좀 어려운데 풀만 하더라구^^)

5. 50까지의 수

개념 더블체크

본문 089~091쪽

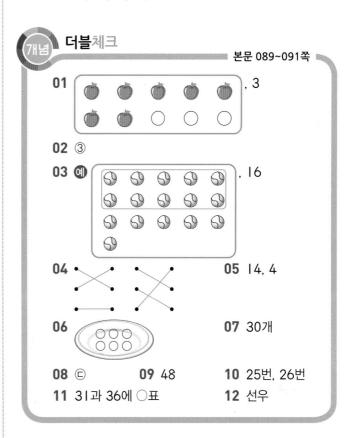

01 ____ , 3

02 ③

03 예 ____ , 16

04 ____ 05 14, 4

06 ____ 07 30개

08 ㉢ 09 48 10 25번, 26번

11 31과 36에 ○표 12 선우

01 사과가 7개이므로 10개가 되려면 3개가 더 있어야 합니다. 따라서 ○를 3개 그립니다.

답 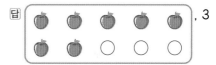 , 3

02 ①, ②, ④, ⑤: 10, ③: 9

답 ③

03 야구공을 10개씩 묶으면 10개씩 묶음 1개와 낱개 6개이므로 16입니다.

답 예 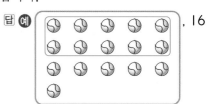 , 16

04 17 ➡ 십칠, 열일곱
15 ➡ 십오, 열다섯
12 ➡ 십이, 열둘

답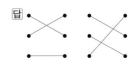

05 ・8과 6을 모으면 14입니다.
   ・11은 7과 4로 가르기 할 수 있습니다.

   답 14, 4

06 12는 6과 6으로 가르기 할 수 있습니다. 따라서 오른쪽 접시에 ○를 6개 그립니다.

   답

07 사탕이 10개씩 묶음 3개이므로 모두 30개입니다.

   답 30개

08 ㉠, ㉡, ㉣: 37, ㉢: 36

   답 ㉢

09 43부터 수를 순서대로 쓰면
   43－44－45－46－47－48입니다.
   따라서 ㉠에 알맞은 수는 48입니다.

   답 48

10 24－25－26－27
   ➡ 24번과 27번 사이에 있는 신발장의 번호는 25번과 26번입니다.

   답 25번, 26번

11 29보다 큰 수는 31과 36입니다.

   답 31과 36에 ○표

12 도윤이가 말한 수: 35
   예림이가 말한 수: 41
   선우가 말한 수: 33
   33이 가장 작은 수이므로 가장 작은 수를 말하고 있는 사람은 선우입니다.

   답 선우

유형1 1, 1, 1, 4, 1, 41 / 41
1-1 38   **1-2** 35   **1-3** 24권
유형2 4, 3, 2, 5 / 5가지
2-1 5가지   **2-2** 8개
유형3 8, 9, 8, 9 / 8, 9
3-1 7, 8, 9   **3-2** 5개
유형4 22, 23, 24, 23 / 23
4-1 22, 32, 42   **4-2** 11, 22, 33
4-3 40, 41, 42, 43
유형5 3, 1, 0, 3, 43 / 43
5-1 23   **5-2** 20, 23, 24, 30, 32, 34
유형6 1, 10, 7, 17, 17, 십칠, 열일곱
/ 십칠, 열일곱
6-1 ▮: 27, ●: 35   **6-2** 44
유형7 32, 32, 32, 시연이의 집 / 시연이의 집
7-1 윤주   **7-2** 태호

1-1 낱개 28개는 10개씩 묶음 2개와 낱개 8개와 같습니다.
   10개씩 묶음 1개와 낱개 28개는 10개씩 묶음 1＋2＝3(개)와 낱개 8개와 같으므로 38입니다.

   답 38

1-2 낱개 14개는 10개씩 묶음 1개와 낱개 4개와 같습니다.
   10개씩 묶음 2개와 낱개 14개는 10개씩 묶음 2＋1＝3(개)와 낱개 4개와 같으므로 34입니다.
   따라서 34보다 1만큼 더 큰 수는 35입니다.

   답 35

1-3 남은 공책은 10권씩 묶음 4－2＝2(개)와 낱개 7－3＝4(권)이므로 24권입니다.

   답 24권

2-1

숟가락	1	2	3	4	5	6	7	8	9	10
포크	10	9	8	7	6	5	4	3	2	1

따라서 숟가락이 더 적은 경우는 모두 5가지입니다.

   답 5가지

2-2 사탕 9개와 7개를 모으면 16개입니다. 16은 1과 15, 2와 14, 3과 13, 4와 12, 5와 11, 6과 10, 7과 9, 8과 8로 가르기 할 수 있으므로 똑같은 두 수로 가르는 경우는 8과 8로 가르는 것입니다.
따라서 한 사람이 가질수 있는 사탕은 8개입니다.

답 8개

3-1 10개씩 묶음의 수가 4로 같으므로 낱개의 수를 비교하면 6은 □보다 작습니다. 즉 □는 6보다 큰 수입니다. 0부터 9까지의 수 중에서 6보다 큰 수는 7, 8, 9이므로 □ 안에 들어갈 수 있는 수는 7, 8, 9입니다.

답 7, 8, 9

3-2 10개씩 묶음의 수가 2로 같으므로 낱개의 수를 비교하면 □는 5보다 작습니다. 0부터 9까지의 수 중에서 5보다 작은 수는 0, 1, 2, 3, 4로 모두 5개입니다.

답 5개

4-1 20과 43 사이의 수는 21, 22, 23……40, 41, 42입니다. 이 중에서 낱개의 수가 2인 수는 22, 32, 42입니다.

답 22, 32, 42

4-2 10과 40 사이의 수는 11, 12, 13……37, 38, 39입니다. 이 중에서 10개씩 묶음의 수와 낱개의 수가 같은 수는 11, 22, 33입니다.

답 11, 22, 33

4-3 32보다 크고 47보다 작은 수는 33, 34, 35……44, 45, 46입니다. 이 중에서 10개씩 묶음의 수가 낱개의 수보다 큰 수는 40, 41, 42, 43입니다.

답 40, 41, 42, 43

5-1 수 카드의 수를 작은 수부터 차례로 쓰면 2, 3, 6, 8이므로 가장 작은 수는 2이고, 둘째로 작은 수는 3입니다.
따라서 만들 수 있는 수 중에서 가장 작은 수는 23입니다.

답 23

✎ 원리쌤 특강
가장 작은 몇십몇은 10개씩 묶음의 수에 가장 작은 수를, 낱개의 수에 둘째로 작은 수를 놓아 만듭니다.

5-2 40보다 작은 수는 10개씩 묶음의 수가 2, 3일 때입니다.
· 10개씩 묶음의 수가 2일 때 만들 수 있는 수는 20, 23, 24
· 10개씩 묶음의 수가 3일 때 만들 수 있는 수는 30, 32, 34
따라서 만들 수 있는 수 중에서 40보다 작은 수는 20, 23, 24, 30, 32, 34입니다.

답 20, 23, 24, 30, 32, 34

6-1 오른쪽으로 한 칸 갈 때마다 1씩 커지는 규칙이므로 ▨에 알맞은 수는 25, 26, 27에서 27입니다. 또, ●에 알맞은 수는 36보다 1만큼 더 작은 수인 35입니다.

답 ▨: 27, ●: 35

6-2

오른쪽으로 한 칸 갈 때마다 1씩 커지고, 아래쪽으로 한 칸 갈 때마다 5씩 커집니다. ㉡에 알맞은 수는 32보다 5만큼 더 큰 수 37, 37보다 5만큼 더 큰 수인 42입니다.
따라서 ㉠에 알맞은 수는 42보다 2만큼 더 큰 수인 44입니다.

답 44

7-1 10장씩 묶음 3개와 낱장 9장인 수는 39이므로 세호는 색종이 39장을 가지고 있습니다. 10개씩 묶음의 수를 비교하면 45가 39보다 크므로 색종이를 더 많이 가지고 있는 사람은 윤주입니다.

답 윤주

7-2 10개씩 묶음 2개와 낱개 7개인 수는 27이므로 승주가 캔 조개는 27개입니다.
10개씩 묶음 2개와 낱개 5개인 수는 25이므로 태호가 캔 조개는 25개입니다.
25가 27보다 작으므로 태호가 승주보다 조개를

더 적게 캤습니다.

답 태호

STEP B 종합응용력완성　　본문 099~103쪽

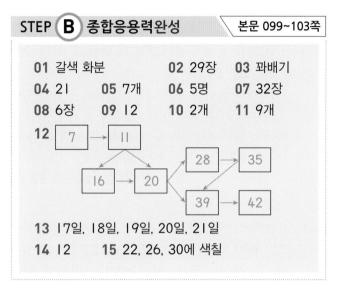

01 갈색 화분　　**02** 29장　　**03** 꽈배기
04 21　　**05** 7개　　**06** 5명　　**07** 32장
08 6장　　**09** 12　　**10** 2개　　**11** 9개
12

13 17일, 18일, 19일, 20일, 21일
14 12　　**15** 22, 26, 30에 색칠

01 10개씩 묶음 1개와 낱개 6개는 16개입니다. 18
이 16보다 크므로 방울토마토는 갈색 화분에 더
많이 열렸습니다.

답 갈색 화분

02 28과 34 사이의 수는 29, 30, 31, 32, 33입니
다. 이 중에서 10개씩 묶음의 수가 낱개의 수보다
작은 수는 29입니다.
따라서 민성이가 모은 스티커는 29장입니다.

답 29장

03 똑같은 두 수로 가르기 할 수 있는 수를 찾습니다.
15 ➡ 1과 14, 2와 13, 3과 12, 4와 11,
　　　5와 10, 6과 9, 7과 8
23 ➡ 1과 22, 2와 21, 3과 20, 4와 19,
　　　5와 18, 6과 17, 7과 16, 8과 15,
　　　9와 14, 10과 13, 11과 12
12 ➡ 1과 11, 2와 10, 3과 9, 4와 8, 5와 7,
　　　6과 6
12는 똑같이 6과 6으로 가르기 할 수 있으므로 똑
같이 나누어 먹을 수 있는 간식은 꽈배기입니다.

답 꽈배기

04 예 ❶ 20은 10개씩 묶음이 2개이므로 20에 가까
운 수를 만들려면 10개씩 묶음이 1개 또는 2개인
수 중 20에 가장 가까운 수를 찾습니다.
❷ 10개씩 묶음의 수가 1일 때 만들 수 있는 수는

12, 13, 14이고, 10개씩 묶음의 수가 2일 때 만
들 수 있는 수는 21, 23, 24입니다. 이 중에서 21
이 20에 가장 가까운 수입니다.

답 21

채점기준	배점	
❶ 20에 가까운 10개씩 묶음 구하기	2점	5점
❷ 20에 가장 가까운 수 구하기	3점	

05 구슬을 한 줄에 10개씩 끼워 5개의 팔찌를 만들려
면 구슬 50개가 있어야 합니다. 구슬 43개를 한
줄에 10개씩 끼우면 10개씩 4줄과 낱개 3개입니
다. 따라서 구슬이 적어도 7개 더 있으면 팔찌 5개
를 만들 수 있습니다.

답 7개

06 열여섯은 16이고 아홉은 9입니다. 30부터 거꾸로
9개의 수를 쓰면 30, 29, 28, 27, 26, 25, 24,
23, 22이고 서준이는 뒤에서 9번째에 서 있으므
로 앞에서 22번째에 서 있습니다.
16과 22 사이에 있는 수는 17, 18, 19, 20, 21
이므로 하윤이와 서준이 사이에는 5명이 서 있습니
다.

답 5명

07 딱지치기에서 잃은 딱지 13장은 10장씩 묶음 1개
와 낱개 3장입니다. 이것을 유준이가 갖고 있던 딱
지의 수에서 덜어내면 10장씩 묶음 4−1=3
(개)와 낱개 5−3=2(장)이 남습니다. 따라서 유
준이에게 남은 딱지는 32장입니다.

답 32장

08 한 장은 두 쪽이므로 둘씩 짝을 지어보면
32, 33, 34, 35, 36, 37, 38, 39, 40, 41, 42,
43, 44, 45이므로 위인전은 6장이 찢어졌습니다.

답 6장

09

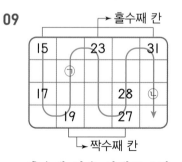

홀수째 칸은 아래로 1칸 내려갈 때마다 1씩 커지

고 짝수째 칸은 위로 1칸 올라갈 때마다 1씩 커집니다.

두 번째 칸은 아래에서부터 19, 20, 21, 22이고 다섯 번째 칸은 위에서부터 31, 32, 33, 34입니다. ㉠에 알맞은 수는 21이고 ㉡에 알맞은 수는 33이므로 21은 33보다 12만큼 더 작은 수입니다.

답 12

10 연우가 가지고 있는 수수깡의 수는 36개이고 승현이가 가지고 있는 수수깡의 수는 32개입니다. 연우와 승현이가 가지고 있는 수수깡의 10개씩 묶음의 수가 같으므로 낱개의 수를 같게 하면 수수깡의 수가 같아집니다.

따라서 연우가 승현이에게 낱개 6개 중에서 2개를 주면 낱개 4개가 되고 승현이는 낱개 2개에서 2개를 받으면 낱개 4개가 되어 수수깡의 수가 같아집니다.

답 2개

11 16을 가르기 하여 포도 맛 사탕이 딸기 맛 사탕보다 더 많은 경우를 알아 봅니다.

포도 맛 사탕	15	14	13	12	11	10	9
딸기 맛 사탕	1	2	3	4	5	6	7

이 중에서 포도 맛 사탕이 딸기 맛 사탕보다 2개 더 많은 경우를 찾습니다. 따라서 포도 맛 사탕은 9개, 딸기 맛 사탕은 7개입니다.

답 9개

12 수의 크기를 비교하여 작은 수부터 차례대로 나열하면 7, 11, 16, 20, 28, 35, 39, 42입니다. 화살표가 가리키는 곳에 더 큰 수가 들어가도록 끝에서부터 큰 수를 차례로 씁니다.

답
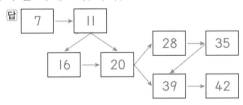

13 예 ❶ • 선우가 갈 수 있는 날짜: 15일, 16일, ⑰일, ⑱일, ⑲일, ⑳일, ㉑일
 • 지혜가 갈 수 있는 날짜: 12일, 13일, 14일, 15일, 16일, ⑰일, ⑱일, ⑲일, ⑳일, ㉑일, 22일, 23일, 24일, 25일

• 명호가 갈 수 있는 날짜: ⑰일, ⑱일, ⑲일, ⑳일, ㉑일, 22일

❷ 따라서 세 사람이 다 함께 도서관에 갈 수 있는 날짜는 17일, 18일, 19일, 20일, 21일입니다.

답 17일, 18일, 19일, 20일, 21일

채점기준	배점	
❶ 선우, 지혜, 명호가 도서관에 갈 수 있는 날짜 구하기	3점	5점
❷ 세 사람이 다 함께 도서관에 갈 수 있는 날짜 구하기	2점	

14 ㉡과 41 사이에 있는 수는 5개이므로 40, 39, 38, 37, 36에서 ㉡은 35입니다. ㉠과 35 사이에 있는 수는 7개이므로 34, 33, 32, 31, 30, 29, 28에서 ㉠은 27입니다.

27은 10개씩 묶음 2개와 낱개 7개이고, 15는 10개씩 묶음 1개와 낱개 5개이므로 27은 15보다 10개씩 묶음 2-1=1(개), 낱개 7-5=2(개) 더 많습니다.

따라서 27은 15보다 12 큰 수입니다.

답 12

15 색칠한 수는 2, 6, 10, 14, 18로 2부터 시작하여 4씩 커지는 규칙이 있습니다.

18 ⌒ 22 ⌒ 26 ⌒ 30이므로
4 큰 수 4 큰 수 4 큰 수

22, 26, 30에 색칠합니다.

답 22, 26, 30에 색칠

STEP Ⓐ 최상위실력완성 〉 본문 104~105쪽

01 30	02 2	03 45	04 18
05 6개	06 22개, 12개		

01 서술형 27보다 작은 수 중에서 가장 큰 수와 27보다 큰 수 중에서 가장 작은 수를 찾아 봅니다.

0, 1, 2, 3 중 2장을 뽑아 한 번씩만 사용하여 만들 수 있는 몇십몇은 10, 12, 13, 20, 21, 23, 30, 31, 32입니다. 이 중 27보다 작은 수 10, 12, 13, 20, 21, 23에서 가장 큰 수는 23이고, 27보다 큰 수 30, 31, 32에서 가장 작은 수는 30입니다.

따라서 23과 30 중에서 27에 가장 가까운 수는 30입니다.

답 30

02 A급비법 ■에 수를 넣어 생각해 봅니다.
■가 3 또는 3보다 크면 아영이가 가장 많이 성공하게 되므로 다은이가 두 번째가 아니게 됩니다. ■가 1이면 아영이가 19로 가장 적게 성공하게 되므로 조건에 맞지 않습니다. 따라서 ■에 알맞은 수는 2입니다.

답 2

03 A급비법 10개씩 묶음의 수에 따라 만들 수 있는 수를 구해 봅니다.
10개씩 묶음의 수가 6인 수: 60, 62, 65, 67, 69
10개씩 묶음의 수가 4인 수: 40, 42, 45, 47, 49
10개씩 묶음의 수가 3인 수: 30, 32, 35, 37, 39
10개씩 묶음의 수가 1인 수: 10, 12, 15, 17, 19
따라서 여덟 번째로 큰 수는 45입니다.

답 45

04 A급비법 각 조건을 만족하는 수를 구해 봅니다.
• 세 번째 조건에서 15보다 크고 35보다 작은 수이므로 10개씩 묶음의 수는 1, 2 또는 3입니다.
• 첫 번째 조건에서 6, 12, 18, 24……의 규칙은 6에서 6씩 커지는 규칙이므로 세 번째 조건을 만족하는 수는 18, 24, 30, 36입니다.
• 두 번째 조건에서 45, 36, 27, 18……의 규칙은 45에서 9씩 작아지는 규칙이므로 세 번째 조건을 만족하는 수는 27, 18입니다.
따라서 조건을 만족하는 수는 18입니다.

답 18

05 A급비법 주어진 모양을 만드는 데 필요한 모형의 수를 먼저 구합니다.
주어진 모양을 1개 만드는 데 필요한 모형은 8개입니다.

모형 48개는 8개씩 묶음 6개이므로 주어진 모양

을 6개 만들 수 있습니다.

답 6개

06 A급비법 하늘색 타일이 보라색 타일의 왼쪽과 오른쪽에 오는 경우로 나누어 생각해 봅니다.
• 하늘색 타일을 보라색 타일의 왼쪽에 붙일 경우
○○○○○○○○○○○●○○○○○●○○○○○
(왼쪽)   (오른쪽)
➡ 흰색 타일의 수는 22개입니다.
• 하늘색 타일을 보라색 타일의 오른쪽에 붙일 경우
○○○○○○●○○○○○●○○○
(왼쪽)   (오른쪽)
➡ 흰색 타일의 수는 12개입니다.
따라서 흰색 타일을 많이 붙일 때는 22개, 적게 붙일 때는 12개입니다.

답 22개, 12개

MEMO

MEMO

스스로 풀기

생각하며 풀기

식 써서 풀기

시간 정해서 풀기

오답노트 정리하기

문제 푸는
좋은 습관

문제 푸는
안타까운
습관

숙제니까 억지로 풀기

풀이부터 펼쳐보기

단답형만 풀기

질질 끌다 결국 찍기

틀린 문제 방치하기

초등수학의완성

에이⁺급수학

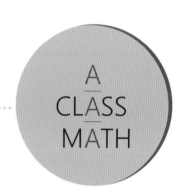

A
CLASS
MATH